DES SUCRES

PAR

A. NAQUET

DOCTEUR EN MÉDECINE, LICENCIÉ ÈS SCIENCES PHYSIQUES.

PARIS

F. SAVY, LIBRAIRE-ÉDITEUR,

RUE HAUTEFEUILLE, 24.

1863

DES
SUCRES

PAR

A. NAQUET

DOCTEUR EN MÉDECINE, LICENCIÉ ÈS SCIENCES PHYSIQUES.

PARIS

F. SAVY, LIBRAIRE-ÉDITEUR,

RUE HAUTEFEUILLE, 24.

1863

DES SUCRES

En commençant cette étude, il ne serait pas inutile de définir le mot « *sucres* » ; mais cette définition est malaisée, presque impossible. Tout mot qui s'applique à un ensemble de phénomènes, à une série de corps étroitement liés entre eux par un rapport, un caractère commun, peut être déterminé, précisé. Lorsque ce caractère manque, la définition devient impraticable, la rubrique arbitraire, et le groupement incertain.

C'est ce qui a lieu pour les corps dont nous allons nous occuper.

Les corps connus sous le nom de *sucres* ne forment point une famille naturelle de composés organiques. Leurs propriétés se retrouvent dans d'autres corps qui ne sont point rangés sous cette dénomination. Si l'on prenait pour base de groupement un de leurs caractères physiques, la *saveur*, ou une de leurs propriétés chimiques, la *fermentation*, il faudrait considérer comme un sucre la glycérine, qui jusqu'ici n'a pas encore été étudiée sous ce nom. Bien plus, la fermentation commune aux sucres et à la glycérine, ainsi que l'a démontré M. Berthelot, ne l'est point à l'eucalyne et à l'inosite, que l'on accepte pourtant comme des principes sucrés. Il en serait de même si l'on partait du fait que les sucres sont des alcools polyatomiques ; le glycol et la glycérine devraient rentrer sous la rubrique adoptée. Et si l'on n'envisageait que leur hexatomicité, on serait obligé de supprimer du groupe la pinite et la quercite, qui sont, comme on le prouvera plus loin, des alcools penta-atomiques, et l'érythrite qui est un alcool tétra-atomique. Comme on le voit, nous n'avons aucun moyen de donner une définition exacte des sucres. Nous nous bornerons donc à examiner comment tous les corps ainsi désignés ont été classés dans cette famille artificielle, et à les énumérer.

Le premier de ces corps qui ait été connu est le sucre de canne, d'un usage journalier; on l'a confondu longtemps avec le principe sucré des fruits acides. Ce n'est que plus tard qu'on a pu constater la différence des propriétés qui distinguent ces deux corps. Plus tard encore, on les a analysés, et on a trouvé qu'ils n'avaient pas la même composition. Ils contiennent cependant chacun l'oxygène et l'hydrogène, en proportion suffisante pour former de l'eau. Ils sont plus hydratés que l'amidon et la cellulose, et subissent sous l'influence de la levûre de bière, directement ou indirectement, la fermentation alcoolique. Ce caractère commun les fit considérer comme appartenant à un même groupe. On connaissait aussi un autre composé de saveur sucrée, la mannite, qui représente un hydrate de carbone, avec léger excès d'hydrogène, mais avec lequel on n'a pas su pendant longtemps produire la fermentation alcoolique. Gerhardt n'hésita pas à classer ce corps à côté des deux précédents; se basant sur certaines métamorphoses compliquées, telles que leur transformation en acides saccharique ou mucique lorsqu'on les traite par l'acide azotique, en acide propionique et acétique lorsqu'on les traite par l'hydrate de potasse fondu. Plus récemment, M. Berthelot, en démontrant que la mannite, comme la glucose, constituent des alcools polyatomiques, et en obtenant la fermentation alcoolique au moyen de la mannite, a rendu plus étroits les liens qui unissent ces composés.

Le sucre de canne, la glucose et la mannite se sont donc trouvés accolés. Comme à chacun de ces corps correspondent des isomères, le nombre des sucres est devenu assez considérable. La mannite se rattache à un composé moins hydraté qui en dérive, la mannitane. M. Berthelot, voyant un rapport intime entre ce corps et certains principes isomères, tels que la pinite et la quercite, a fait rentrer ces composés dans la classe des principes sucrés. Enfin l'érythrite, qui ne fermente pas, mais que l'on a prise pendant quelque temps pour un alcool hexa-atomique, s'est trouvée, à cause de cela, rangée parmi les sucres comme l'inosite et l'eucalyne, qui ne fermentent pas non plus, mais qui sont isomères avec la glucose, et jouent, comme elle, le rôle d'alcools. Il ne restait plus qu'un pas à faire pour y ajouter les glycérines et les glycols; mais alors il n'y aurait plus que des alcools polyatomiques; les sucres n'existeraient plus.

Nous continuerons donc à donner le nom de *sucres* à un ensemble de corps solides, le plus souvent cristallisables, jouant le rôle d'alcools d'atomicité différente, simples ou condensés, d'une saveur sucrée, susceptibles, la plupart, de subir la fermentation alcoolique. Ces composés sont : le sucre de canne ou saccharose, la mélitose, la mélézitose, la tréhalose et le mycose, la parasaccharose, la lactose, la glucose, la maltose, la lévulose, la galactose, la mannitose, l'inosite, la sorbine, l'eucalyne, la mannite, la dulcite, la pinite, la quercite, l'indiglucite et l'évonymite. A ces corps, M. Berthelot ajoutait la mélampyrite, qui vient d'être reconnue identique avec la dulcite.

De tout ce qui précède, il résulte que le mot *sucre* a pris une plus grande extension, et qu'il a perdu de sa netteté; mais au moins tous ces corps qui, sous cette dénomination, étaient, il y a une quinzaine d'années encore, classés sans ordre dans les traités de chimie, peuvent aujourd'hui entrer dans les cadres d'une classification régulière, à la condition cependant de n'y pas former un groupe distinct et d'y avoir chacun la place qui lui convient. Aussi notre premier soin sera-t-il de rechercher les caractères qui les différencient, ou qui leur sont communs, afin de pouvoir les subdiviser en groupes naturels ; et tout d'abord il nous faut étudier d'une manière générale leurs réactions.

Chaleur. — Sous l'influence de la chaleur, les sucres fondent et se modifient ; si l'on continue à chauffer, ils produisent ainsi des matières ulmiques, et finalement du charbon, en même temps qu'il se dégage une foule de produits gazeux ou volatils, tels que : le gaz des marais, le furfurol, l'acide acétique, l'aldéhyde, l'acétone, etc. Lorsqu'on ajoute à l'action de la chaleur celle d'un alcali puissant, comme la potasse, il se produit de l'acide carbonique, du gaz oléfiant, de l'hydrure d'éthyle, de la métacétone, et si l'on n'élève pas trop la température, des acides acétique et propionique.

Acides. — S'ils sont étendus et qu'ils n'agissent que pendant un temps relativement court, ils hydratent certains sucres, qui se transforment ainsi en des sucres nouveaux, et ils n'agissent pas sur d'autres ; si leur action se prolonge, au contraire pendant longtemps, ils transforment les sucres en une série de composés acides dont les premiers termes sont solubles, et les derniers insolubles et humoïdes. Si les acides sont forts et concentrés, ils transforment les sucres en composés ulmiques. Enfin dans certaines conditions déterminées, ils se combinent aux matières sucrées, en éliminant de l'eau de la même manière qu'ils se combineraient à un alcool.

Alcalis. — Tous les sucres sont susceptibles de s'y combiner. Les combinaisons qui se produisent présentent, selon les corps d'où elles dérivent, divers degrés de stabilité. Si l'on chauffe en présence de l'eau à une température suffisamment élevée, celles de ces combinaisons qui sont le moins stables, on obtient les sels alcalins d'une série d'acides dont les premiers termes sont solubles et les derniers humoïdes, et qui paraissent se confondre avec ceux qui proviennent de l'action prolongée des acides.

Oxydants. — Sous l'influence des oxydants on a pu, soit priver les sucres les plus hydrogénés d'hydrogène et les transformer en sucres moins hydrogénés, soit substituer une certaine quantité d'oxygène à une quantité équivalente d'hydrogène, et obtenir des acides dont les plus oxydés parmi ceux qui conservent intact le groupement primitif sont l'acide saccharique et l'acide mucique. Si l'on pousse plus loin l'oxydation, on obtient de l'acide oxalique, et, dans certains cas, des acides racémique ou tartrique.

La production de l'acide saccharique ou de l'acide mucique, acides isomères, mais bien différents par leurs propriétés, est un caractère qui permet de ranger les sucres et même les substances neutres, comme l'amidon et les gommes, en deux classes dont les termes se correspondent. Voici un tableau que nous empruntons presque en totalité à M. Berthelot, et qui indique cette division :

Principes qui fournissent de l'acide mucique.	*Principes qui fournissent de l'acide saccharique, ou tout au moins qui ne fournissent pas d'acide mucique.*
Gommes insolubles.	Ligneux amidon.
Gommes solubles.	Dextrine.
Mélitose.	Sucre de canne.
Lactose.	Tréhalose, mycose, mélézitose.
Glucose lactique.	Glucose, lévulose.
Dulcite.	Mannite, pinite, quercite.

Ferments. — Sous l'influence de la levûre de bière, la plupart des sucres peuvent se résoudre en un certain nombre de produits dont les principaux sont l'alcool et l'acide carbonique, mais parmi lesquels on trouve encore l'acide succinique, l'acide acétique et la glycérine.

Les propriétés que nous venons de passer en revue, et dont aucune n'est tout à fait générale, permettent de grouper les sucres en quatre grandes classes.

La première classe renferme des sucres dont le plus grand nombre contient un excès d'hydrogène ; ce sont des corps qui ne fermentent pas ou dont la fermentation n'a lieu que dans des conditions toutes particulières. Ces corps ne réduisent pas le tartrate cupro-potassique; les alcalis ne les altèrent pas à 100°; l'acide sulfurique concentré ne les charbonne pas à froid, et leurs formules sont variables.

La deuxième comprend tous ceux qui s'altèrent à 100° sous l'influence des alcalis, qui reduisent le tartrate cupro-potassique, qui fermentent directement, que l'acide sulfurique concentré ne charbonne pas immédiatement à froid, et qui ont pour formule $C^6H^{12}O^6$ (1).

Dans la troisième sont rangés des principes sucrés qui ne fermentent point sous l'influence de la levûre de bière, qui n'ont pas tous des propriétés semblables et qui sont isomères des sucres de la deuxième classe.

La quatrième, enfin, contient les sucres qui ne fermentent pas par eux-mêmes, mais qui, par l'action des acides étendus, ou même des ferments, se transforment en sucres directement fermentescibles. Ces sucres ne réduisent pas le tartrate cupro-potassique, ne sont pas altérés par les alcalis; à 100°, l'acide sulfurique concentré les charbonne à froid; et, convenablement desséchés, ils répondent à la formule $C^{12}H^{22}O^{11}$. Entre les sucres de cette classe et ceux de la deuxième se trouve un corps qui paraît établir la transition, la lactose : ce sucre appartient à la deuxième classe par ses propriétés, et à la quatrième par sa formule, lorsqu'il a été desséché à 150°.

Dans la première classe, nous trouvons :

A. Des sucres dont la formule est $C^6H^{14}O^6$: ce sont la mannite et la dulcite.

B. Des sucres dont la formule est $C^6H^{12}O^5$: ce sont la pinite et la quercite.

C. Un sucre qui a pour formule $C^4H^{10}O^4$: c'est l'érythrite.

Dans la deuxième classe, nous rencontrons : la glucose, la maltose, la lévulose, la galactose et la mannitose.

(1) $H = 1$, $C = 12$, $O = 16$.

Dans la troisième, se trouvent l'inosite, la sorbine et l'eucalyne.

Dans la quatrième classe, enfin, nous placerons le sucre de canne ou saccharose, la mélitose, la mélézitose, la tréhalose, le mycose, la parasaccharose, et la lactose, qui, ainsi que nous l'avons dit, forme la transition entre les sucres de cette classe et les congénères de la glucose.

En dernier lieu, nous placerons deux sucres mal connus, que nous ne citons que pour mémoire : l'indiglucite et l'évonymite, de M. W. Kubel (1).

L'objet de notre travail étant bien établi, il nous reste à en exposer le plan.

En premier lieu, nous ferons l'étude individuelle des sucres de la première classe ; nous étudierons ensuite de la même manière, et successivement, les sucres des trois autres classes.

Puis, tirant des conclusions générales des faits que nous aurons passés en revue, nous parlerons de la fonction des sucres et de quelques principes neutres qui s'y rapportent.

Enfin nous nous occuperons des applications que les sucres ont reçues en pharmacie, et de la saccharimétrie.

(1) *Journal für praktische Chemie*, t. LXXXV, 1863, p. 372, n° 6.

CHAPITRE PREMIER.

ÉTUDE INDIVIDUELLE DES SUCRES DE LA PREMIÈRE CLASSE.

Groupe A. — Sucres à formule $C^6H^{14}O^6$.

MANNITE. $C^6H^{14}O^6$.

La mannite a été découverte par Proust, et c'est Liebig qui en a déterminé la composition. Sa formule est $C^6H^{14}O^6$. Elle existe dans un grand nombre de substances végétales et dans les jus sucrés qui ont subi la fermentation visqueuse ou la fermentation lactique ; on l'extrait généralement de la manne, en épuisant cette substance par l'alcool ordinaire, bouillant, filtrant à chaud et laissant cristalliser ; il est bon de purifier la mannite par plusieurs cristallisations successives.

Tout récemment M. Linnemann (1) est parvenu à préparer la mannite au moyen du sucre interverti. A cet effet, il intervertit une certaine quantité de sucre de canne par l'acide sulfurique, sature ensuite la liqueur par un léger excès d'alcali, et ajoute au liquide de l'amalgame de sodium. La réaction développe assez de chaleur pour qu'il soit nécessaire de refroidir; lorsqu'elle paraît terminée, on sature par l'acide sulfurique, on évapore à sec, et l'on extrait la mannite du résidu au moyen de l'alcool, comme s'il s'agissait de l'extraire de la manne.

La mannite est une substance solide, fusible entre 160° et 165°, et pouvant, une fois fondue, rester liquide jusqu'à 140°. La mannite est inactive sur la lumière polarisée; elle se dissout à 18° dans six fois et demie son

(1) *Annalen der Chemie und Pharmacie*, t. CXXIII, p. 136 (nouvelle série, t. XLVII), juillet 1862.

poids d'eau ; à froid elle exige 80 d'alcool à 0,89 pour se dissoudre ; elle se dissout beaucoup mieux à l'ébullition dans ce véhicule. L'alcool absolu n'en dissout qu'un quatorze centième de son poids, l'éther ne la dissout pas du tout.

La mannite se dépose de sa solution alcolique en cristaux prismatiques quadrilatères, minces, incolores et soyeux.

Sa solution aqueuse, mêlée au sulfate de cuivre, empêche la précipitation de ce dernier par la potasse. La liqueur alcaline portée à l'ébullition ne laisse pas déposer d'oxydule de cuivre. La liqueur de Fehling résiste également à l'action de la mannite.

Si l'on maintient la mannite à une température de 200° environ, une ébullition se manifeste ; la plus grande partie de ce sucre reste à peu près inaltérée et à peine colorée ; une autre partie se déshydrate et se transforme en mannitane selon l'équation :

$$\underbrace{C^6H^{14}O^6}_{\text{Mannite.}} = H^2O + \underbrace{C^6H^{12}O^5}_{\text{Mannitane.}}$$

Au-dessus de 300°, la mannite se détruit en laissant un charbon poreux. Si, au lieu de la calciner seule, on la mélange à huit fois son poids de chaux, on obtient de la métacétone. Si on la calcine avec de la potasse, il se forme des formiate, acétate et propionate de potasse.

La mannite n'est charbonnée ni à froid ni à chaud par l'acide sulfurique. Si l'on sature par le carbonate de baryte le produit qui résulte de cette réaction, on obtient en dissolution un sel de l'acide sulfomannitique. Cet acide répond à la formule :

$$\left.\begin{matrix} C^6H^{8\,VI} \\ (SO^2)^2 \\ H^4 \end{matrix}\right\} O^7$$

A 100°, la mannite n'absorbe pas l'acide chlorhydrique gazeux, mais elle s'y combine en éliminant de l'eau, et donne naissance à un composé neutre, si l'acide est en solution aqueuse concentrée. Avec les acides acétique, butyrique, valérique, benzoïque, etc., et à une température de 250°, il se produit des combinaisons neutres analogues aux éthers composés et aux corps gras, que M. Berthelot désigne sous le nom de *mannitanides*. Pour isoler ces combinaisons, on sature l'excès d'acide par un alcali, et l'on traite par l'éther, qui dissout le composé formé. L'acide tartrique forme avec la mannite un acide qui a reçu le nom d'*acide manni-tartrique*, et qui répond à la formule :

$$\left.\begin{matrix} C^6H^{8^{VI}} \\ 6(C^4H^4O^4) \\ H^6 \end{matrix}\right\} O^{12}.$$

Avec l'acide azotique monohydraté, on obtient de la mannite hexanitrique :

$$\left.\begin{matrix} C^6H^{8^{VI}} \\ 6(AzO^2) \end{matrix}\right\} O^6.$$

Enfin l'acide oxalique se décompose par la seule présence de la mannite en acide formique et en acide carbonique, exactement comme avec la glycérine.

En chauffant au bain-marie, pendant environ quarante heures, un mélange de mannite et de potasse en solution aqueuse concentrée, reprenant ensuite par l'éther et faisant évaporer ce liquide, on obtient l'éthyl-mannite $C^{10}H^{20}O^5$, que l'on peut écrire $\left.\begin{matrix} C^6H^{8^{VI}} \\ (C^2H^5)^2 \\ H^2 \end{matrix}\right\} O^5$, en la dérivant de la mannitane $\left.\begin{matrix} C^6H^{8^{VI}} \\ H^4 \end{matrix}\right\} O^5$.

Les bases se combinent facilement avec la mannite. On obtient ces combinaisons en dissolvant la base dans une solution de mannite et précipitant par l'alcool (1). On connaît deux composés calciques qui ont pour formule : $CaO, C^6H^{14}O^6 + 2\,aq$ (2) et $CaO, (C^6H^{14}O^6)^2$; la baryte n'a fourni

(1) Ubaldini, *Annales de physique et de chimie*, 3e série, t. LVII, p. 213.
(2) Ca = 40.

qu'un seul composé dont la formule est $(BaO)^2,C^6H^{14}O^6$ (1); avec la strontiane on n'a obtenu également qu'une seule combinaison qui a pour formule $StO,C^6H^{14}O^6$ (2). Enfin l'acétate de plomb ammoniacal précipite la mannite et le précipité a pour formule $C^6H^{10}Pb^2O^6$ (3). Lorsqu'on soumet la mannite à des actions oxydantes, les effets varient selon l'énergie des moyens employés, si ceux-ci sont très-énergiques, il se produit de l'acide oxalique : s'ils le sont moins, comme cela a lieu avec l'acide azotique fort étendu, il se produit un acide qui paraît identique avec l'acide saccharique, et si l'on fait agir le noir de platine sur une solution concentrée de mannite, on donne naissance à un acide qui a reçu le nom d'*acide mannitique* (4), ainsi qu'à un sucre inactif de la famille de la glucose, et qu'on a nommé *mannitose*. L'acide mannitique dérive de la mannite par une réaction analogue à celle d'après laquelle les acides acétique, glycolique et glycérique dérivent respectivement de l'alcool, du glycol et de la glycérine.

$$\underbrace{\left.\begin{matrix}C^2H^5\\H\end{matrix}\right\}}_{\text{Alcool.}}O + O^2 = \left.\begin{matrix}H\\H\end{matrix}\right\}O + \underbrace{\left.\begin{matrix}C^2H^3O\\H\end{matrix}\right\}O.}_{\text{Acide acétique.}}$$

$$\underbrace{\left.\begin{matrix}C^2H^{4''}\\H^2\end{matrix}\right\}}_{\text{Glycol.}}O^2 + O^2 = \left.\begin{matrix}H\\H\end{matrix}\right\}O + \underbrace{\left.\begin{matrix}C^2H^2O''\\H^2\end{matrix}\right\}O^2.}_{\text{Acide glycolique.}}$$

$$\underbrace{\left.\begin{matrix}C^3H^{5'''}\\H^3\end{matrix}\right\}}_{\text{Glycérine.}}O^3 + O^2 = \left.\begin{matrix}H\\H\end{matrix}\right\}O + \underbrace{\left.\begin{matrix}C^3H^3O'''\\H^3\end{matrix}\right\}O^3.}_{\text{Acide glycérique.}}$$

$$\underbrace{\left.\begin{matrix}C^6H^{8^{VI}}\\H^6\end{matrix}\right\}}_{\text{Mannite.}}O^6 + O^2 = \left.\begin{matrix}H\\H\end{matrix}\right\}O + \underbrace{\left.\begin{matrix}C^6H^6O^{VI}\\H^6\end{matrix}\right\}O^6.}_{\text{Acide mannitique.}}$$

(1) Ba = 127.

(2) St = 88.

(3) Pb = 208.

(4) Gorup Besanez, *Annales de chimie et de physique*, 3e série, t. LXII, p. 489.

Distillée dans un courant d'acide carbonique en présence d'une solution très-concentrée d'acide iodhydrique, la mannite se transforme en iodure d'héxyle $C^6H^{13}I$ (1) d'après l'équation

$$C^6H^{14}O^6 + 11 \left.\begin{matrix} H \\ I \end{matrix}\right\} = 6 \left.\begin{matrix} H \\ H \end{matrix}\right\} O + \underbrace{\left.\begin{matrix} C^6H^{13} \\ I \end{matrix}\right\}}_{\text{Iodure d'hexyle.}} + 10\,I.$$

Cette réaction tout à fait identique avec celle qui transforme la glycérine en iodure de propyle, fixe définitivement la formule de la mannite et rend inacceptable la formule $C^6H^7O^6$ que donnaient certains chimistes en faisant $C = 6, O = 8$, et $H = 1$.

En présence de la levûre de bière, la mannite ne fermente pas; si l'on maintient sa solution à 40°, après l'avoir mêlée avec de la craie et du fromage blanc, du tissu pancréatique ou de l'albumine, la fermentation a lieu ; il se dégage de l'hydrogène et de l'acide carbonique, et il se produit de l'alcool, ainsi que des acides lactique et butyrique. Ces deux acides paraissent être le résultat d'une fermentation concomitante, mais différente de celle qui fournit l'alcool. M. Berthelot affirme que, dans cette dernière, il ne se développe aucun globule de levûre.

MANNITANE. $C^6H^{12}O^5$.

La mannitane, ou premier anhydride de la mannite, peut, suivant M. Berthelot (2), s'obtenir par trois procédés, qui sont : 1° la saponification des éthers mannitiques; 2° l'action d'une température de 200° sur la mannite ; 3° l'action d'une température de 100° sur la mannite maintenue en contact avec l'acide chlorhydrique.

Pour saponifier les éthers mannitiques, on peut, soit les

(1) Wanklyn et Erlenmeyer, *Annales de chimie et de physique*, 3ᵉ série, t. LXV, p. 364.

(2) Berthelot, *Annales de chimie et de physique*, 3ᵉ série, t. XLVII, p. 297.

chauffer avec l'eau à 240°, soit les chauffer à 100°, avec une solution alcaline, soit enfin dissoudre la combinaison que l'on désire saponifier dans l'alcool additionné d'acide chlorhydrique. Dans ce cas, l'alcool s'empare de l'acide de l'éther mannitique et la mannitane devient libre.

Quel que soit le procédé que l'on mette en usage pour la préparer, la mannitane doit être purifiée par plusieurs dissolutions successives dans l'alcool absolu qui la dissout seule.

La mannitane a pour formule $C^6H^{12}O^5$; elle est liquide et sirupeuse; à 140°, elle émet quelques vapeurs; au contact de l'air, elle absorbe l'humidité et finit par régénérer des cristaux de mannite; cette régénération s'opère bien plus rapidement si l'on chauffe la mannitane dans un tube scellé avec de l'eau de baryte.

La mannitane chauffée dans des tubes scellés avec des acides régénère les mêmes combinaisons neutres que la mannite.

En s'appuyant sur ces deux faits, que les mannitanides produisent de la mannitane lorsqu'on les saponifie, et qu'ils se régénèrent au moyen de la mannitane et des acides, M. Berthelot conclut que ce n'est point la mannite, mais bien la mannitane qui est un alcool, et que la mannite n'est qu'un hydrate de cet alcool. Il se base en second lieu sur le nombre de mannitanides qu'un même acide monobasique peut fournir avec la mannitane. Pour considérer ce corps comme un alcool hexa-atomique, nous aurons à revenir plus loin sur cette question.

MANNIDE. $C^6H^{10}O^4$.

Le mannide, ou second anhydride de la mannite, a été obtenu par M. Berthelot comme produit secondaire, dans la préparation de la mannite butyrique.

C'est une substance sirupeuse un peu sucrée, puis amère, soluble dans l'eau et l'alcool.

Le mannide fournit de la mannite dans les mêmes conditions que la mannitane ; chauffé avec de l'acide benzoïque, il donne naissance à un composé neutre, soluble dans l'éther, qui paraît être la mannite benzoïque. On n'a pas pu pousser la déshydratation de la mannite au delà du mannide.

DULCITE. $C^6H^{14}O^6$.

(Synonymie : *Dulcose, dulcine.*)

En 1848, il arriva de Madagascar une substance en petits rognons recouverts de cristaux et dont l'origine botanique est inconnue. De cette substance, Laurent put extraire la dulcite par un procédé fort simple, puisqu'il suffisait de l'épuiser par l'eau bouillante, de filtrer et d'abandonner la liqueur filtrée au refroidissement.

Depuis lors, M. Eichler a donné un procédé pour retirer du *Melampyrum nemorosum* une substance qu'il a nommée mélampyrine, et que M. Gilmer a démontrée être identique avec la dulcite de Laurent.

Pour extraire la dulcite du *Melampyrum nemorosum*, on fait une décoction de cette herbe; on y ajoute assez de chaux pour rendre la liqueur alcaline, et l'on concentre. Arrivé à un degré de concentration assez avancé, on sature la chaux par l'acide chlorhydrique, et même on ajoute un léger excès de cet acide ; on évapore encore un peu, et, en laissant refroidir, on obtient la dulcite en cristaux très-blancs.

La dulcite présente une saveur sucrée analogue à celle de la mannite ; elle se dissout bien dans l'eau, difficilement dans l'alcool ; son point de fusion est situé à 182° ; à 275°, elle se détruit en se charbonnant.

La dulcite cristallise en prismes rhomboédriques obliques; elle n'a aucun pouvoir rotatoire; les alcalis bouillants ne l'altèrent pas; les acides se comportent avec elle comme avec la mannite. Traitée par l'acide azotique, elle se convertit en acide oxalique et en acide mucique. D'après

M. Carlet, il se produit en outre une certaine quantité d'acide paratartrique (1).

Ce dernier fait semble indiquer qu'elle n'est inactive sur la lumière polarisée que par compensation. Avec la chaux et la baryte, elle donne des combinaisons analogues à celles que fournit la mannite dans les mêmes circonstances; elle est également précipitée par l'acétate de plomb ammoniacal.

En présence de la levûre de bière, la dulcite ne fermente pas. Si on la mêle avec de la craie, du fromage blanc et de l'eau, et si l'on abandonne le tout à 40°, il se produit de l'hydrogène, de l'acide carbonique, de l'alcool, de l'acide butyrique et de l'acide lactique.

Sous l'influence de la chaleur, la dulcite peut perdre une molécule d'eau, et donner la dulcitane, que l'on isole en la dissolvant dans l'alcool; d'ailleurs la dulcitane peut s'obtenir de la dulcite par tous les procédés qui permettent d'obtenir la mannitane de la mannite. La formule de la dulcitane est $C^6H^{12}O^5$.

Abandonnée à l'air libre, la dulcitane, qui est sirupeuse, se transforme en cristaux de dulcite. Chauffée avec les acides, elle s'y combine et donne les mêmes composés neutres que la dulcite (dulcitanides).

En somme, la dulcite diffère de la mannite par sa forme cristalline, par son point de fusion situé à 182° et non à 165°, et par sa propriété de donner de l'acide mucique lorsqu'on l'oxyde. L'isomérie de la mannite et de la dulcite se continue dans les dérivés de ces deux corps.

(1) Carlet, *Comptes rendus de l'Académie des sciences*, t. LI, p. 137.

Groupe B. — Sucres à formule $C^6H^{12}O^5$.

PINITE. $C^6H^{12}O^5$.

M. Berthelot extrait la pinite de concrétions qui se rencontrent sur le *Pinus Lambertiana*. Ces concrétions, traitées par l'eau tiède, fournissent une liqueur qu'on décolore par le charbon animal et qu'on abandonne ensuite à l'évaporation spontanée. La liqueur devient sirupeuse, et, après un temps fort long, il s'y développe des cristaux de pinite qu'on purifie en les dissolvant dans l'eau froide et en soumettant leurs solutions à l'évaporation spontanée. Deux ou trois cristallisations fournissent la pinite très-pure.

La pinite a une saveur presque aussi sucrée que le sucre de canne; elle se présente en petits cristaux, courts et groupés en mamelons, qu'il n'a pas été possible de déterminer.

Elle est très-soluble dans l'eau, insoluble dans le chloroforme; l'alcool étendu la dissout un peu, mais l'alcool absolu ne la dissout pas sensiblement; sa densité est égale à 1,52.

La solution aqueuse de la pinite dévie à droite le plan de polarisation de la lumière; son pouvoir rotatoire moléculaire déterminé à 60° est égal à 58°,86. A 100°, l'acide chlorhydrique fumant n'avait pas modifié ce pouvoir rotatoire après cinq minutes.

A 150°, la pinite ne fond pas; au-dessus de 250° elle fond, se boursoufle et laisse un résidu de charbon. Dans le vide elle résiste sans se décomposer et sans se volatiliser sensiblement à l'action d'une température voisine du point d'ébullition du mercure.

Les alcalis n'altèrent pas la pinite à 100°, et le tartrate cupro-potassique n'est point réduit par ce corps.

La pinite réduit la solution de l'azotate d'argent.

L'acide sulfurique forme avec la pinite à chaud un acide pinisulfurique dont le sel de chaux est soluble, mais se décompose pendant l'évaporation. Si l'on chauffait sans précaution le mélange de pinite et d'acide sulfurique, ce mélange noircirait en se carbonisant.

L'action de l'acide azotique sur la pinite paraît donner des dérivés nitrés en même temps qu'elle fournit de l'acide oxalique.

Les acides acétique, benzoïque, etc., chauffés à 150° avec la pinite, forment des composés neutres qui régénèrent la pinite lorsqu'on les saponifie; ces corps neutres ont reçu le nom de *pinitides*.

La pinite ne subit pas la fermentation alcoolique en présence de la levûre de bière.

La pinite est isomérique avec la mannitane et la dulcitane qui, comme elle, se combinent aux acides pour former les mannitanides et les dulcitanides; mais elle diffère essentiellement de ces deux corps : 1° en ce qu'elle est cristallisée et douée de pouvoir rotatoire, tandis que la mannitane et la dulcitane sont sirupeuses et inactives; 2° en ce qu'elle n'est pas soluble dans l'alcool qui dissout fort bien la mannitane et la dulcitane; 3° en ce qu'abandonnée à l'humidité elle ne s'hydrate pas. Ces dissemblances dans les propriétés nous semblent correspondre à des différences dans les fonctions de ces corps, comme nous le verrons plus tard.

QUERCITE. $C^6H^{12}O^5$.

La quercite s'extrait du gland de chêne par le procédé suivant que nous devons à M. Dessaignes (1). On écrase les glands et on les fait macérer avec de l'eau, puis on filtre; la liqueur s'éclaircit au bout de quelques heures en laissant se déposer de l'amidon. Quand elle est tout à fait claire, on la traite par la chaux afin de précipiter le tannin et une petite quantité de matière azotée; on évapore ensuite et on abandonne les liqueurs au refroidissement. La quercite se dépose

(1) *Comptes rendus de l'Académie des sciences*, t. XXXIII, 1851, p. 308, 462.

en cristaux qu'on lave avec de l'alcool affaibli, et qu'on purifie par une nouvelle cristallisation dans l'eau.

La quercite se dissout bien dans l'eau ; elle peut cristalliser de cette dissolution sans que celle-ci devienne sirupeuse; elle est à peu près insoluble dans l'alcool absolu ; sa solution aqueuse dévie à droite le plan de polarisation de la lumière. Le pouvoir rotatoire moléculaire de la quercite est égal à $+35°,5$.

La quercite cristallise en beaux prismes rhomboïdaux obliques, inaltérables à l'air, durs et croquants sous la dent. Ces cristaux fondent à 235° et répandent alors des vapeurs sensibles. A 300°, ce corps se détruit complétement en laissant un résidu de charbon. La solution aqueuse de la quercite ne fermente pas par la levûre de bière, même après avoir subi l'action de l'acide chlorhydrique à 100°. Elle ne s'altère pas non plus lorsqu'on la mêle avec du fromage.

Lorsqu'on oxyde la quercite par l'acide azotique, on obtient de l'acide oxalique et jamais de l'acide mucique.

Avec l'acide sulfurique, même à chaud, cette substance ne noircit pas. Les deux corps se combinent et il se forme un acide copulé dont le sel de chaux est incristallisable.

En soumettant la quercite à l'action d'un mélange d'acide azotique et d'acide sulfurique, on obtient un produit nitré qui régénère de la quercite lorsqu'on le traite par le sulfhydrate d'ammoniaque.

Les alcalis puissants n'altèrent pas la quercite à la température de l'ébullition, et le tartrate cupro-potassique n'est pas réduit.

La solution de la quercite dissout un peu la chaux et mieux la baryte. Si l'on évapore dans le vide, il reste un corps dont l'analyse répond assez bien à la formule $BaO,(C^6H^{12}O^5)^2 + 2aq$.

L'acétate de plomb ammoniacal donne un précipité avec les solutions de quercite. A 250°, la quercite se combine aux acides benzoïque, stéarique, etc., en donnant des corps neutres analogues aux mannitanides et aux corps gras. Sous l'influence de l'eau ou des alcalis et de la chaleur, ces corps se saponifient.

La quercite est isomérique avec la mannitane et la dulcitane, dont elle diffère par son insolubilité dans l'alcool, son pouvoir rotatoire et sa faculté de cristalliser. Quant à la pinite, elle en diffère seulement par sa forme cristalline et son pouvoir rotatoire.

Groupe C. — Sucre à formule $C^4H^{10}O^4$.

ÉRYTHRITE. $C^4H^{10}O^4$.

L'érythrite a été obtenue, d'abord, par la métamorphose d'un principe contenu dans le *Rocella Montagnei*. Depuis, M. Lamy (1) l'a trouvée dans le *Protococcus vulgaris*, et lui a donné le nom de *phycite ;* mais celui d'*érythrite* lui est resté.

Pour extraire l'érythrite du *Protococcus vulgaris*, on fait une décoction de la plante, qu'on évapore à consistance sirupeuse, et qu'on traite ensuite par l'alcool, pour précipiter la gomme. On filtre, et la liqueur filtrée, soumise à une évaporation lente, laisse alors déposer des cristaux d'érythrite. M. de Luynes (2), qui s'est occupé tout récemment de l'érythrite, préfère avoir recours à la décomposition de l'acide érythrique par les alcalis. Il introduit l'acide érythrique humide dans une chaudière de tôle, avec de la chaux éteinte, et chauffe à 150° pendant deux heures environ ; il filtre ensuite pour séparer une certaine quantité de carbonate de chaux qui s'est formée, évapore un peu la liqueur et laisse refroidir ; il se dépose alors de l'orcine, que l'on sépare. Les eaux mères sont ensuite évaporées à siccité, et le résidu est

(1) *Annales de chimie et de physique*, 3e série, 1857, t. LI, p. 232.

(2) De Luynes, *Comptes rendus de l'Académie des sciences*, t. LVI, p. 803.

traité par l'éther, qui enlève le reste de l'orcine et laisse l'érythrite pure.

L'érythrite cristallise en prismes à base carrée. Elle est soluble dans l'eau, et donne avec ce liquide une solution qui devient sirupeuse avant de cristalliser. L'alcool bouillant la dissout ; mais l'éther ne la dissout pas.

L'érythrite est inactive, et sa densité est égale à 1,59. Elle fond à 120°, résiste à une température de 250°, et se détruit en partie vers 300°. Elle présente à un haut degré le caractère de la surfusion.

Les solutions d'érythrite dissolvent la chaux, ne sont pas précipitées par l'acétate de plomb ammoniacal, et ne réduisent pas la liqueur de Fehling, même après avoir subi l'action des acides dilués à la température de l'ébullition.

Chauffée à 240° avec de la potasse, l'érythrite produit un dégagement d'hydrogène, et l'on trouve de l'oxalate de potasse dans le résidu.

Sa solution aqueuse s'oxyde sous l'influence du noir de platine, en donnant un acide non encore complétement étudié ; avec l'acide azotique, il se produit aussi une oxydation, mais l'on n'obtient que de l'acide oxalique.

Si l'on distille l'érythrite avec une solution concentrée d'acide iodhydrique, on obtient de l'iodure de butyle C^4H^9I, selon l'équation suivante :

$$C^4H^{10}O^4 + 7HI = 4\left.\begin{matrix}H\\H\end{matrix}\right\} O + \left.\begin{matrix}C^4H^9\\I\end{matrix}\right\} + 6I.$$

Cette dernière réaction, découverte par M. de Luynes (1), est très-importante, en ce qu'elle fixe définitivement la formule de l'érythrite.

L'érythrite, chauffée à 250° avec les acides stéarique et benzoïque, s'y combine à la manière de la mannite. Elle se combine aussi à l'acide tartrique à 100°, et à l'acide sulfurique à froid.

(1) *Comptes rendus de l'Académie des sciences*, t. LV, p. 624.

L'acide chlorydrique, même bouillant, ne la carbonise pas.

M. Berthelot considère l'érythrite comme une substance intermédiaire entre la mannite et la glycérine. Cette manière de voir est parfaitement justifiée depuis que M. de Luynes a donné pour l'érythrite la formule $C^4H^{10}O^4$. Cette formule démontre en effet que l'érythrite est un alcool tétra-atomique intermédiaire, par conséquent, entre la mannite, qui est hexa-atomique, et la glycérine qui n'est que triatomique.

M. Berthelot a donné le nom d'érythrides aux combinaisons de l'érythrite avec les acides.

L'érythrine, ou acide érythrique, que l'on rencontre dans la plupart des lichens, est un érythride de l'acide orsellique.

CHAPITRE II

SUCRES QUI RÉPONDENT A LA FORMULE $C^6H^{12}O^6$. — GLUCOSE $C^6H^{12}O^6 + aq$.

La glucose est extrêmement répandue. On la rencontre pure dans l'urine des diabétiques, et dans le miel et le sucre interverti à l'état de mélange avec la lévulose. On peut l'obtenir par le dédoublement de certains principes organiques, tels que la salicine et l'arbutine, ou par l'action des acides étendus ou de la diastase sur l'amidon. La cellulose peut également se transformer en glucose sous l'influence des acides.

La gélatine traitée par l'acide sulfurique étendu et bouillant (1), et la chondrine soumise à l'action de l'acide chlorhydrique concentré et bouillant (2), donnent également un sucre de la famille des glucoses, mais on ignore encore si ces sucres sont identiques avec la glucose elle-même.

On peut extraire la glucose soit du miel ou du sucre interverti, soit de l'urine des diabétiques, soit enfin, et c'est là le procédé le plus usité, la préparer au moyen de l'amidon.

Lorsque le miel ou le sucre interverti sont abandonnés à eux-mêmes, pendant un certain temps la glucose s'y dépose en cristaux. Si l'on traite alors la masse par de l'alcool froid, celui-ci enlève la lévulose qui surnage, et la glucose reste à peu près pure.

Pour extraire la glucose de l'urine des diabétiques, on concentre le liquide au point d'amener la cristallisation de ce sucre. On lave les cristaux à l'alcool froid, puis on les

(1) Gerhardt, *Traité de chimie organique*, t. IV, p. 509.

(2) Fischer et Boedeker, *Annalen der Chemie und Pharmacie*, t. CXVII, p. 111 (nouv. sér., t. XLI), janvier 1861.

redissout dans l'eau et on les soumet à une nouvelle cristallisation. Enfin dans les cas de beaucoup les plus fréquents, toutes les fois qu'on a pour but non point d'extraire la glucose pour la reconnaître et l'analyser, mais bien de préparer ce corps, on a recours à l'action que les acides ou la diastase exercent sur l'amidon.

Veut-on faire usage de la diastase, on chauffe à 70° un mélange d'eau d'amidon et d'orge germée jusqu'à ce que la liqueur ne bleuisse plus par l'iode, puis on filtre et l'on évapore jusqu'à consistance sirupeuse. La glucose cristallise au bout de quelque temps.

Lorsqu'on veut faire usage des acides, on fait un mélange d'amidon et d'acide sulfurique ou chlorhydrique étendu, et l'on chauffe au moyen d'un courant de vapeur jusqu'à ce que la liqueur ne bleuisse plus par l'iode et ne précipite plus par l'alcool. Lorsqu'on a atteint ce premier résultat, on sature le liquide par le carbonate de chaux, puis on le filtre, on l'évapore jusqu'à consistance sirupeuse et on l'abandonne à la cristallisation.

On peut substituer la cellulose à l'amidon ; pour cela il faut d'abord dissoudre la cellulose dans l'acide sulfurique concentré, puis étendre d'eau, saturer une partie de l'acide, et achever l'opération en chauffant pendant une douzaine d'heures à 100°.

La transformation de l'amidon en glucose mérite de fixer notre attention. Longtemps on a cru que c'était là un fait de simple hydratation ; on pensait que l'amidon $C^6H^{10}O^5$ se transforme en dextrine par une simple modification isomérique, et que la dextrine absorbe ensuite une molécule d'eau H^2O pour se transformer en glucose. Mais il résulte d'un travail très-important, publié récemment par M. Musculus (1), qu'en réalité les choses ne se passent point ainsi. La diastase opère

(1) *Annales de chimie et de physique*, t. LX, p. 203, 3e série, et *Comptes rendus de l'Académie des sciences*, t. LIV, p. 194.

le dédoublement de l'amidon en glucose et dextrine, et le phénomène est comparable à la saponification par l'eau des éthers ou des corps gras. Lorsque le dédoublement de l'amidon est complet, la dextrine peut, à son tour, être partiellement saccharifiée. Par la diastase, cette saccharification est toujours incomplète. Avec les acides les phénomènes sont identiques, avec cette différence que la saccharification de la dextrine formée d'abord est beaucoup plus facile.

La glucose est très-soluble dans l'eau, quoiqu'elle s'y dissolve avec moins de facilité que le sucre de canne. Une partie de glucose exige une partie et tiers d'eau froide pour se dissoudre ; elle est également soluble dans l'alcool ordinaire bouillant, moins bien dans l'alcool froid.

Lorsqu'on évapore une solution aqueuse de glucose, elle prend l'état sirupeux avant de cristalliser, et ce n'est qu'après un repos assez long que les cristaux se déposent.

Cristallisée, la glucose se présente sous la forme de mamelons, de choux-fleurs mal définis. Ces cristaux contiennent une molécule d'eau de cristallisation qu'ils perdent à 70° ou à 80° après avoir subi la fusion ignée.

La glucose est dextrogyre, son pouvoir rotatoire moléculaire est égal à + 56°.

La glucose sèche peut être portée jusqu'à la température de 120° ou même de 130° sans s'altérer. A 140°, elle perd de l'eau et se transforme en caramel. Si l'on continue à chauffer, elle donne les mêmes produits de décomposition que le sucre de canne.

Si l'on fait bouillir pendant longtemps la glucose avec des acides sulfurique ou chlorhydrique étendus, elle s'altère en donnant des composés acides et ulmiques dont nous avons déjà parlé. Lorsque cette décomposition s'opère au contact de l'air, il se produit en outre de l'acide formique.

L'acide sulfurique concentré et froid transforme la glucose en un acide copulé sans la charbonner.

Les bases alcalines ou alcalino-terreuses se combinent

facilement avec ce sucre, mais ces combinaisons sont très-instables et se détruisent à la température de l'ébullition. On les obtient en dissolvant dans la solution glucosique la base dont on désire obtenir le glucosate, puis on précipite par l'alcool. On a pu obtenir ainsi : le glucosate de baryte $(C^6H^{12}O^6)^2(BaO)^3 + 2$ aq, et le glucosate de chaux $(C^6H^{12}O^6)^2(CaO)^3 + 2$ aq.

L'oxyde de plomb donne avec la glucose un composé qui répond à la formule :

$$\left.\begin{matrix} C^6H^{6\,VI} \\ C^6H^{6\,VI} \\ Pb^3 \\ H^6 \end{matrix}\right\} O^{12}.$$

La solution de la glucose réduit à chaud le tartrate cupro-potassique, et à froid le mélange de potasse et de sulfate de cuivre.

La glucose se combine avec le chlorure de sodium ; il se produit un composé cristallisé dont la formule est $(C^6H^{12}O^6)^2$ NaCl + aq.

Lorsqu'on fait bouillir la glucose avec du bioxyde de plomb, on observe un dégagement d'acide carbonique, tandis qu'il se produit du formiate et du carbonate de plomb.

Le chlorure et les perchlorures détruisent la glucose en la charbonnant.

Enfin, les acides butyrique, acétique, stéarique, benzoïque, chauffés pendant cinquante ou soixante heures entre 100° et 120° avec la glucose, s'y combinent en éliminant de l'eau, et donnent des corps neutres analogues aux corps gras et aux mannitanides : ce sont les glucosides de M. Berthelot.

LÉVULOSE. $C^6H^{12}O^6$.

La lévulose se trouve mêlée à la glucose dans le sucre de canne interverti, le miel et le sucre des fruits acides ; on peut l'extraire de ces mélanges par un procédé fort simple que nous devons à M. Dubrunfaut (1). Il consiste à dissoudre 10 grammes de sucre de canne interverti dans 100 grammes d'eau, et à ajouter à la solution 6 grammes de chaux éteinte. Au bout de quelque temps, le tout se prend en une bouillie épaisse qu'on exprime avec une bonne presse. La partie solide est le sel calcaire de la lévulose. La totalité de la glucose reste en solution. Ce sel calcaire, délayé dans l'eau et décomposé par un courant d'acide carbonique, fournit la lévulose pure ; il ne reste qu'à filtrer la solution et à l'évaporer.

On obtient plus rapidement la lévulose à l'état de pureté en saccharifiant, par les acides étendus, l'inuline, principe isomérique avec l'amidon, que renferment les racines d'aunée, de dalhia, de colchique et de topinambour.

La lévulose est sirupeuse, déliquescente et incristallisable. Elle se dissout avec la plus grande facilité dans l'eau et l'alcool ordinaire, plus difficilement dans l'alcool absolu. Sa saveur est beaucoup plus sucrée que celle de la glucose.

Son pouvoir rotatoire est lévogyre et égal à 106° à 15°, mais il varie beaucoup avec la température ; c'est ainsi qu'à 90° il diminue de moitié et devient égal à 53°.

La glucose ayant, au contraire, un pouvoir rotatoire qui ne varie pas avec la température, on doit retrouver les variations du pouvoir rotatoire de la lévulose dans le sucre interverti, qui est un mélange à poids égaux de glucose et de lévulose. Et, en effet, le sucre interverti, dont le pouvoir rotatoire est de 25° à 15°, devient moitié moindre à 52°, s'annule à 90° et change de signe au-dessus de cette température.

Au-dessus de 100°, la lévulose commence à s'altérer en donnant les mêmes produits de décomposition que la glucose ; elle forme avec la chaux un composé insoluble dont la formule est : $^{2}(C^{6}H^{12}O^{6})(CaO)^{3}$.

(1) *Annales de chemie et de physique*, 3e série, 1847, t. XXI, p. 169.

La lévulose s'altère plus facilement que la glucose sous l'influence des acides ou de la chaleur; mais elle résiste mieux à l'action des ferments ou des alcalis. On a utilisé sa plus grande résistance à l'action des ferments pour la préparer; en effet, si, pendant le cours d'une fermentation on prend de temps à autre le pouvoir rotatoire de la liqueur, on s'aperçoit qu'au bout d'un certain temps la déviation vers la gauche atteint un maximum et diminue ensuite. Si l'on arrête la fermentation à ce dernier moment, on constate que toute la glucose est détruite et que la liqueur ne contient plus que de la lévulose.

MALTOSE. $C^6H^{12}O^6$.

Lorsqu'on a obtenu la glucose par la diastase et l'amidon, le produit a un pouvoir rotatoire de même sens, mais triple de celui de la glucose ordinaire. Par l'action prolongée des acides étendus, la maltose se transforme en ce dernier sucre. Du reste, les différences qui existent entre la glucose et la maltose ne nous paraissent pas suffisantes pour faire de ce dernier sucre une espèce à part. Ce n'est point un isomère, c'est tout au plus un état allotropique de la glucose.

GALACTOSE. $C^6H^{12}O^6$.

Lorsqu'on fait bouillir pendant quelque temps la lactose avec les acides minéraux étendus, ce corps se transforme en un nouveau sucre très-facilement fermentescible, qui a reçu le nom de *galactose*, et qui a pour formule : $C^6H^{12}O^6$.

La galactose présente les réactions générales des glucoses avec les alcalis et le tartrate cupro-potassique.

Elle cristallise plus facilement que la glucose; son pouvoir rotatoire est dextrogyre et égal à $+ 83°,3$; elle est soluble dans l'eau et peu soluble dans l'alcool froid. Son caractère distinctif le plus saillant, c'est que lorsqu'on l'oxyde par l'acide azotique elle fournit de l'acide mucique.

MANNITOSE. $C^6H^{12}O^6$.

Nous avons déjà dit que lorsqu'on oxyde la mannite par le noir de platine, on obtient un mélange d'acide mannitique et d'un sucre directement fermentescible. Pour séparer celui-ci de l'acide mannitique (1), il suffit de saturer par la chaux, de précipiter par l'alcool, d'évaporer la liqueur filtrée et de la précipiter une seconde fois par l'alcool, après l'avoir amenée à consistance sirupeuse; on la filtre de nouveau et on l'évapore à siccité.

La mannitose est sirupeuse et incristallisable.

Elle est tout à fait inactive vis-à-vis de la lumière polarisée, elle présente toutes les réactions des autres glucoses.

A côté des glucoses bien connues, dont nous venons de retracer l'histoire, devraient se ranger certains principes sucrés, tels que la glucose que l'on obtient par le dédoublement du quercitrin, et qui est inactive, et la glucose qui provient de l'action prolongée de l'eau sur la gomme. Mais ces corps ont été jusqu'ici trop mal étudiés pour nous permettre d'en faire une étude détaillée.

Groupe D. — Sucres à formule $C^6H^{12}O^6$ non fermentescibles par la levûre de bière.

EUCALYNE. $C^6H^{12}O^6$.

Lorsqu'on fait fermenter la mélitose, principe sucré que nous étudierons plus loin, on observe, quand la fermentation est terminée, que la liqueur tient en dissolution un sucre particulier non fermentescible que M. Berthelot a désigné sous le nom d'eucalyne (2). Pour avoir ce principe à l'état de pureté, il suffit de concentrer la solution, de la précipiter par quatre à cinq fois son volume d'alcool, de la filtrer et de l'évaporer.

(1) Gorup Besanez, *loc. cit.*
(2) *Annale de chimie et de physique*, 3e série, t. XLVI, p. 72.

Desséchée à 100°, l'eucalyne répond à la formule $C^6H^{12}O^6$. Séchée à froid dans le vide, elle a pour formule $C^6H^{12}O^6$ + aq.

L'eucalyne est dextrogyre; son pouvoir rotatoire moléculaire est égal à + 50° environ. La chaleur commence à l'altérer à 100°; à 200°, l'altération est complète.

L'eucalyne réduit à chaud le tartrate cupro-potassique.

Sous l'influence de l'acide sulfurique concentré ou de l'acide chlorhydrique fumant, elle se transforme à chaud en substances humoïdes.

Enfin, à 100°, la baryte la décompose avec production d'un corps de coloration très-foncée.

SORBINE. $C^6H^{12}O^6$ (1).

Dans du jus de baies de sorbier, qui avait été abandonné à lui-même pendant quatorze mois, il s'était formé plusieurs fois des dépôts et des végétations, puis ce jus s'était éclairci; on l'a filtré et évaporé jusqu'à consistance de sirop épais. Au bout de quelque temps, le liquide a laissé déposer des cristaux qu'on a redissous et décolorés par le noir animal. Ces cristaux constituaient la sorbine.

Ce corps cristallise en jolis octaèdres rectangulaires du système rhombique, durs et croquants sous la dent. Sa densité est de 1,654 à 15° Il est dextrogyre; son pouvoir rotatoire moléculaire est égal à + 46°,9 à 7°; sa saveur est franchement sucrée. L'alcool la dissout à peine; l'eau en dissout le double de son poids. La sorbine ne se dépose en cristaux de cette solution qu'après que celle-ci a pris l'état sirupeux.

Soumise à l'action de la chaleur, la sorbine commence par fondre sans changer de poids; mais si l'on élève la température et que l'on atteigne 180°, elle se décompose et donne naissance à un corps rouge, *l'acide sorbinique.*

(1) Pelouze, *Annales de chimie et de physique*, 3e série, 1852, t. XXXV, p. 222.

Sous l'influence de la levûre de bière, les solutions de sorbine ne fermentent pas; mais si on les abandonne pendant quelques semaines avec des matières animales et de la craie, on obtient de l'acide lactique et de l'alcool.

Quand on mélange la sorbine avec l'acide sulfurique concentré, la masse se colore, et quand on chauffe elle devient entièrement noire.

L'acide azotique oxyde la sorbine et la transforme en acide oxalique; enfin l'acide tartrique s'y combine à 100°.

A chaud, les solutions alcalines la jaunissent en l'altérant. L'acétate de plomb ammoniacal la précipite; la formule du précipité n'est pas bien déterminée.

La sorbine réduit à chaud le tartrate cupro-potassique; sa solution aqueuse dissout l'hydrate de cuivre, mais au bout d'un certain temps il se dépose de l'oxydule de ce métal. La sorbine se combine avec le chlorure de sodium; cette combinaison forme de petits cristaux qui, vus au microscope, ont paru cubiques.

INOSITE. $C^6H^{12}O^6 + 2$ aq.

L'inosite existe dans la chair musculaire, le cerveau et le pancréas. Elle a été découverte par M. Vohl (1) dans les haricots verts (*Phaseolus vulgaris*). D'après un travail de M. Gallois, inséré dans les *Comptes rendus de l'Académie des sciences* (2), l'inosite se trouverait encore dans l'urine de quelques diabétiques.

Pour extraire l'inosite des substances animales, M. Lane conseille (3) d'épuiser ces substances préalablement hachées avec de l'eau, de coaguler l'albumine par la chaleur, et de précipiter les liqueurs filtrées par le sous-acétate

(1) *Annalen der Chemie und Pharmacie*, t. XCIX, p. 125 (nouv. sér., t. XXIII, juillet 1856), et même recueil, t. CI, p. 50 (nouv. sér., t. XXVI, janvier 1857).

(2) Tome LVI, p. 533.

(3) *Annalen der Chemie und Pharmacie*, t. CXVII, p. 118 (nouv. sér., t. XLI, janvier 1861).

de plomb. Le précipité plombique est ensuite décomposé par l'hydrogène sulfuré en présence de l'eau; la liqueur qui résulte de ce traitement est filtrée, concentrée et additionnée de trois ou quatre fois son volume d'alcool. Si le précipité qui se forme adhère au vase, on décante, sinon on filtre. Après vingt-quatre heures, s'il s'est formé des cristaux d'inosite, on les recueille et on les lave à l'alcool froid; s'il ne s'en est pas formé, on ajoute au liquide une assez forte quantité d'éther, et, après encore vingt-quatre heures de repos, on trouve toute l'inosite cristallisée au fond du vase.

Pour extraire l'inosite des haricots verts, M. Vohl fait une décoction de ces légumes, évapore cette décoction au bain-marie jusqu'à consistance sirupeuse, et y ajoute ensuite assez d'alcool pour produire un précipité persistant; puis il abandonne ce mélange à lui-même pendant quelques jours; il se dépose des croûtes que l'on purifie par une nouvelle cristallisation dans l'eau.

L'inosite cristallise en prismes rhomboïdaux efflorescents d'une densité de 1,1154 à 90°.

Très-soluble dans l'eau, elle se dissout difficilement dans l'alcool ordinaire, et elle est tout à fait insoluble dans l'alcool absolu et l'éther. Sa solution n'exerce aucune action sur le plan de polarisation de la lumière.

Chauffée, l'inosite perd d'abord son eau de cristallisation; au-dessus de 210°, elle fond et peut encore cristalliser; si l'on continue d'élever la température, elle se boursoufle et se carbonise.

Il est probable qu'à 200° on parviendrait à combiner l'inosite avec les acides gras ou aromatiques; mais l'expérience n'a point été *tentée*. L'inosite résiste à la température de l'ébullition, à l'action de l'acide chlorhydrique et à celle de l'acide sulfurique dilué; l'acide sulfurique la brunit à 100°.

Le sous-acétate de plomb tribasique précipite l'inosite; les solutions alcalines bouillantes sont sans action sur ce sucre, qui ne réduit pas non plus le tartrate cupro-potassique.

La levûre de bière ne transforme point l'inosite en alcool, mais ce sucre peut éprouver la fermentation lactique ou butyrique.

Traitée par l'acide azotique mêlé d'acide sulfurique, l'inosite se change en inosite hexanitrique $\left.\begin{matrix} C^6H^{6^{VI}} \\ {}^6(Az\ O^2) \end{matrix}\right\} O^6$. Ce nouveau corps prend une coloration rosée lorsqu'on l'humecte avec un mélange d'ammoniaque et de chlorure de calcium. On met à profit cette propriété pour reconnaître l'inosite. Pour cela, en effet, on évapore avec précaution un mélange d'inosite et d'acide azotique, et l'on humecte le résidu avec de l'ammoniaque et avec une solution de chlorure de calcium; la coloration rose doit apparaître. Sous l'influence de l'acide azotique bouillant l'inosite finit par se transformer en acide oxalique.

On voit qu'en somme, bien qu'en se rapprochant par sa formule des sucres de la famille des glucoses, comme l'eucalyne et la sorbine, l'inosite est beaucoup plus stable et se rapproche de la mannite par ses propriétés.

CHAPITRE III.

SUCRES DU QUATRIÈME GROUPE, RÉPONDANT A LA FORMULE $C^{12}H^{22}O^{11}$.

SUCRE DE CANNE OU SACCHAROSE. $C^{12}H^{22}O^{11}$.

Le sucre de canne existe dans le jus de la canne à sucre, du sorgho, du maïs, de la betterave, de la carotte, de l'érable. On a cru jusqu'à ces dernières années que les fruits acides n'en contenaient aucune trace, mais M. Buignet (1) a démontré en 1861 : 1° que la plupart des fruits acides contiennent une partie assez considérable de leur matière sucrée à l'état de sucre de canne ; 2° que la partie qui n'est pas à l'état de saccharose, est à l'état de sucre interverti, ce qui démontre, puisque le sucre de canne est le seul qui fournisse du sucre interverti, que la matière sucrée a toujours commencé par être de la saccharose ; 3° que ce qui produit l'inversion dans les fruits, ce n'est pas l'acide, mais une substance organique qui joue le rôle de ferment ; 4° que, selon toutes les probabilités, le sucre se forme au détriment de l'amidon, et d'une substance de la nature des tannins qui existe dans les fruits.

On retire le sucre de canne de la canne à sucre ou de la betterave. Nous décrirons seulement d'une manière générale, les procédés d'extraction qui sont tout industriels, et dont les détails ne sauraient trouver place ici. Pour extraire le sucre de la canne on exprime le suc de cette plante. On le chauffe avec quelques centièmes de chaux (défécation) pour éliminer les substances albuminoïdes qui viennent alors se séparer sous forme d'écume ; enfin on évapore et on fait cristalliser.

(1) *Annales de chimie et de physique*, 3e série, t. LXI, p. 233.

Le sucre ainsi obtenu porte le nom de *sucre brut* ou *cassonade ;* on le soumet à l'opération du raffinage. Cette opération consiste à dissoudre de nouveau le sucre dans l'eau, à décolorer la dissolution par le noir animal en poudre et le sang de bœuf, et à la faire cristalliser de nouveau après l'avoir filtrée.

La cristallisation s'opère dans des moules coniques. Quand elle est terminée on soumet le pain au clairçage ; pour claircer le sucre on fait filtrer du sirop à travers cette substance. Le sirop qui en est saturé ne peut plus en dissoudre, mais dissout les matières étrangères, et le pain de sucre devient parfaitement blanc.

Le procédé qui sert à extraire le sucre de la betterave est identique avec le précédent, avec cette différence, que lorsqu'on a retiré et déféqué le jus, au lieu de l'évaporer immédiatement, on commence par le filtrer sur du noir animal en grains.

Lorsqu'on veut obtenir le sucre en gros cristaux (sucre candi), on abandonne dans une étuve sa solution aqueuse préalablement évaporée au point de marquer 37° à l'aréomètre.

Si l'on cuit le sirop jusqu'à ce qu'en y plongeant le doigt mouillé et le replongeant immédiatement dans l'eau froide, on enlève une couche qui soit fragile après avoir été détachée et roulée, on obtient le sucre d'orge. En aromatisant ce sucre avec diverses essences, on a le sucre de pomme.

Le sucre de canne est soluble en toute proportion dans l'eau bouillante, et fort soluble dans l'eau froide ; ses solutions forment un sirop avant de cristalliser ; il est insoluble dans l'alcool absolu et l'éther ; l'alcool ordinaire bouillant le dissout un peu.

Le sucre de canne cristallise en prismes rhomboïdaux obliques, hémiédriques, durs et anhydres. Il a pour densité 1,606. Il dévie à droite la lumière polarisée, et son pouvoir rotatoire moléculaire est égal à $+73°,8$; il ne varie pas sensiblement avec la température.

Lorsqu'on chauffe le sucre de canne, il fond à 106° sans s'altérer ; mais si l'on prolonge l'action de cette température, il se dédouble en glucose et en lévulosane (1).

$$\underbrace{C^{12}H^{22}O^{11}}_{\text{Saccharose.}} = \underbrace{C^{6}H^{12}O^{6}}_{\text{Glucose.}} + \underbrace{C^{6}H^{10}O^{5}}_{\text{Lévulosane.}}.$$

On peut extraire ce dernier composé du mélange en détruisant la glucose par la fermentation et évaporant les solutions. Toutefois, on ne l'obtient jamais pure. Chauffée avec les acides étendus, cette lévulosane donne naissance à de la lévulose.

Si l'on porte la saccharose à une température élevée, il se forme des produits qui ont été désignés sous les noms d'*acide caramélique*, de *caramélan*, etc. Ces produits sont noirs, impossibles à purifier, et paraissent être le résultat d'une condensation moléculaire.

Les acides étendus et bouillants changent le pouvoir rotatoire du sucre de canne et le transforment en un mélange de glucose et de lévulose, qui a reçu le nom de *sucre interverti*.

Si l'on prolonge l'action des acides étendus bouillants sur le sucre de canne, et que ces acides soient énergiques, on obtient ces composés humoïdes dont il a été question quand nous nous sommes occupé des sucres en général.

Enfin les acides organiques gras, tels que l'acide acétique, l'acide butyrique, l'acide stéarique, se combinent avec le sucre à 120°, en formant des corps neutres analogues aux corps gras; l'acide tartrique se combine aussi avec la saccharose dans ces conditions. L'acide sulfurique concentré s'échauffe avec le sucre de canne et la masse noircit. En refroidissant, on peut obtenir un acide conjugué.

La saccharose se combine avec la potasse, la baryte, la chaux, etc.

(1) Gelis, *Comptes rendus de l'Académie des sciences*, t. LI, p. 331.

Ces composés résistent très-bien à une température de 100°.

Lorsqu'on dissout la chaux dans de l'eau sucrée, il se produit un composé dont la formule est $C^{12}H^{22}O^{11}$, CaO, et qui est fort soluble. Sous l'influence de la chaleur, la solution de ce corps se coagule et il se précipite un nouveau composé, la saccharose tricalcique, dont la formule est $C^{12}H^{22}O^{11}$, 3(CaO); mais si on laisse refroidir les liqueurs, tout se redissout.

On a également analysé la saccharose barytique $C^{12}H^{22}O^{11}$, BaO, qui est très-peu soluble dans l'eau. Enfin, en précipitant l'eau sucrée par l'acétate de plomb ammoniacal, on obtient un corps qui a pour formule $C^{12}H^{18}Pb^{2}O^{11}$.

Tous ces composés, traités par l'acide carbonique en présence de l'eau, régénèrent la saccharose pure.

Les dissolutions de saccharose ne réduisent pas le tartrate cupro-potassique, néanmoins ce sucre jouit, en présence des alcalis, d'une certaine action réductrice; c'est ainsi qu'il suffit de faire bouillir de l'oxyde d'argent avec un mélange d'eau sucrée et d'une solution alcaline pour obtenir de l'argent métallique.

Le chlore attaque le sucre à la température de 100°; il se forme des composés noirs mal connus. Les perchlorures agissent de la même manière. Si l'on abandonne à la température ordinaire le sucre de canne avec du brome, la masse devient sirupeuse, et la couleur du brome disparaît. Au bout d'un certain temps, ce liquide noircit et s'altère.

Bouilli avec du chlorure de calcium ou d'ammonium, le sucre s'intervertit.

Lorsqu'on soumet le sucre de canne à l'action de la levûre de bière, il fermente; mais, au préalable, il s'intervertit. La fermentation du sucre ne s'accomplit bien que si les liqueurs sont étendues.

Si, au lieu de soumettre le sucre à l'action de la levûre,

on abandonne à l'air sa solution aqueuse mêlée de phosphate d'ammoniaque, il se développe un ferment différent de la levûre de bière (1), qui le transforme également en acide carbonique et alcool, seulement l'inversion s'opère avec beaucoup plus de lenteur; quelquefois même elle n'est pas du tout apparente. M. Jodin a remarqué en outre que pendant l'été cette fermentation particulière s'accompagne d'une modification isomérique de la saccharose, et produit un nouveau sucre que nous étudierons plus loin sous le nom de *parasaccharose*.

Le sucre de canne est un puissant agent de conservation pour les substances animales et végétales.

Sous l'influence des oxydants, il donne de l'acide oxalique et de l'acide saccharique.

SUCRE INTERVERTI.

Nous avons dit que le sucre de canne s'intervertit sous l'influence des acides. Le sucre qui prend naissance dans ces circonstances est identique avec celui qui se rencontre dans le miel et dans les fruits acides. Il est incristallisable. Abandonné à lui-même pendant longtemps, il laisse déposer des cristaux de glucose.

Nous avons vu, en nous occupant de la lévulose, comment on pouvait extraire ce dernier corps du sucre interverti. Enfin nous avons parlé des modifications qu'éprouve son pouvoir rotatoire par la chaleur.

Pour compléter son étude et démontrer complétement que ce sucre est un mélange à poids égaux de glucose et de lévulose, il faut ajouter que, lorsque de la glucose s'est déposée en cristaux dans le sucre interverti, le pouvoir rotatoire de la partie restée liquide est devenu plus fortement lévogyre, mais qu'il suffit de redissoudre la glucose dans la partie li-

(1) Jodin, *Comptes rendus de l'Académie des sciences*, 1861, t. LIII, p. 1252.

quide au moyen d'une douce chaleur pour rendre au sucre interverti ses propriétés premières.

MÉLITOSE. $C^{12}H^{22}O^{11}$,3 aq.

La mélitose a été extraite, par M. Berthelot (1), de la manne d'Australie : exsudation sucrée produite par certaines espèces d'*Eucalyptus* de Van-Diemen.

On la prépare aisément en traitant par l'eau cette manne, décolorant la solution aqueuse par le charbon animal, faisant cristalliser, comprimant les cristaux dans du papier joseph, et purifiant le produit par une nouvelle cristallisation.

La mélitose cristallisée répond à la formule $C^{12}H^{22}O^{11}$,3aq. A 100°, elle perd 2 aq, et à 130° elle perd le dernier; mais à cette température elle commence à s'altérer ; si on la chauffe plus fort, elle se résout dans les principes qui prennent naissance lorsqu'on détruit les sucres par la chaleur.

La mélitose se dissout facilement dans l'eau ; ses solutions ne deviennent pas sirupeuses avant de cristalliser, et ne sont point précipitées par l'alcool. Elles ont une tendance à se couvrir de moisissures.

La mélitose est dextrogyre; son pouvoir rotatoire est égal à + 102° ; si l'on chauffe pendant un quart d'heure ce sucre avec de l'acide sulfurique, ce pouvoir rotatoire se modifie et tombe à + 163° ; mais il ne change pas de signe, comme cela a lieu avec la saccharose.

La solution aqueuse de baryte n'altère pas la mélitose à 100°, et ce sucre n'exerce pas d'action réductrice sur le tartrate cupro-potassique.

L'acétate de plomb ammoniacal donne un précipité dans les solutions de mélitose.

L'acide chlorhydrique fumant transforme à l'ébullition ce principe sucré en des substances noires indéterminées.

(1) *Annales de chimie et de physique*, 3e série, t. XLVI, p. 66.

L'acide sulfurique étendu et bouillant communique à la mélitose la propriété de réduire le tartrate double de potasse et de cuivre.

Si l'on évapore, après l'avoir saturée, la liqueur qui contient la mélitose ainsi modifiée, on obtient un sucre sirupeux et incristallisable appartenant à la famille de la glucose.

Chauffée avec l'acide azotique, la mélitose fournit de l'acide mucique et de l'acide oxalique. Ce caractère la différencie nettement du sucre de canne. Enfin, sous l'influence de la levûre de bière, elle fermente, mais ne donne que la moitié de l'alcool et de l'acide carbonique que produirait dans les mêmes circonstances un poids équivalent de sucre de canne. Quand la fermentation est terminée, il reste dans la liqueur un principe sucré non fermentescible, l'eucalyne.

Si, au lieu de soumettre à la fermentation la mélitose, on met à fermenter le produit que ce sucre fournit, lorsqu'on le traite par l'acide sulfurique étendu, on obtient le même résultat : la moitié seulement de la masse se transforme en acide carbonique, alcool, etc., et il reste un poids d'eucalyne égal à la moitié du poids de la matière employée. Ceci tend à prouver que la mélitose, modifiée par les acides, constitue un mélange à équivalents égaux d'eucalyne et d'un sucre fermentescible. Si cela est, on peut calculer le pouvoir rotatoire de ce deuxième sucre en connaissant celui de l'eucalyne et de la mélitose modifiée ; or, un pareil calcul donne pour ce nouveau sucre un pouvoir rotatoire à peu près égal à celui de la glucose ordinaire.

Ainsi, comme le sucre de canne, la mélitose paraît avoir un groupement complexe et contenir les éléments de deux autres sucres plus simples.

TRÉHALOSE. $C^{12}H^{22}O^{11}$,2 aq. (1).

La tréhalose a été extraite, par M. Berthelot, d'une manne venue de Turquie et qui porte le nom de *tréhala*.

(1) Berthelot, *Annales de chimie et de physique*, t. LV, p. 272.

Pour préparer ce principe sucré, on épuise le tréhala par l'alcool bouillant. La tréhalose cristallise parfois lorsque la liqueur se refroidit ; d'autres fois on est obligé d'évaporer et d'abandonner la solution à elle-même pendant quelques jours pour obtenir des cristaux. Ces cristaux doivent être exprimés avec du papier joseph et redissous dans de l'alcool bouillant ; on décolore la liqueur par le noir animal ; il suffit de l'abandonner au refroidissement, après l'avoir filtrée, pour que la cristallisation s'opère. La tréhalose ainsi obtenue, doit être purifiée par une ou deux nouvelles cristallisations dans l'alcool bouillant.

La tréhalose cristallise en octaèdres rectangulaires, durs, croquants sous la dent et doués d'une saveur sucrée. Ils ont pour formule : $C^{12}H^{22}O^{11} + 2$ aq. A 100°, ils perdent leur eau de cristallisation et sont alors représentés par la même formule que le sucre de canne.

Si l'on chauffe brusquement la tréhalose à 120°, elle peut fondre, mais si on lui fait subir lentement l'action de la chaleur, elle se déshydrate sans fondre, et on peut alors élever la température jusqu'à 180° sans décomposer ce sucre, qui est beaucoup plus stable que la saccharose ou la mélitose.

La tréhalose se dissout facilement dans l'eau, et cette solution devient sirupeuse avant de cristalliser ; elle se dissout également dans l'alcool bouillant, quoique à un degré moindre, très-peu dans l'alcool froid, et pas du tout dans l'éther.

La tréhalose est dextrogyre ; son pouvoir rotatoire moléculaire est égal à $+ 220°$; il est par conséquent triple de celui du sucre de canne. Il ne varie pas sensiblement avec la température, et il est après vingt-quatre heures ce qu'il était au moment où l'on venait de faire la dissolution, quand bien même cette dissolution aurait été faite avec de la tréhalose desséchée à 180°.

L'acide sulfurique étendu et bouillant attaque difficilement la tréhalose ; en prolongeant l'ébullition pendant quelques heures, on modifie le pouvoir rotatoire de ce sucre, qui devient quatre fois moins actif.

La tréhalose fermente difficilement par l'action directe de la levûre de bière ; lorsqu'elle a été préalablement modifiée par les acides étendus, la fermentation devient très-facile.

A 100°, la tréhalose n'est altérée ni par la potasse ni par la baryte, et elle ne réduit pas le tartrate de potasse et de cuivre. Ses solutions aqueuses sont précipitées par l'acétate de plomb ammoniacal.

L'acide chlorhydrique fumant noircit la tréhalose à 100°; l'acide sulfurique concentré la charbonne à la même température ; quant à l'acide azotique, il l'oxyde avec production d'acide oxalique, mais jamais avec production d'acide mucique.

A 180°, ce sucre se combine aux acides stéarique, benzoïque, acétique et butyrique, et donne naissance à des corps analogues aux glucosides, aux mannitanides et aux corps gras.

MYCOSE. $C^{12}H^{22}O^{11}$ (1).

Le mycose a été extrait, par M. Mitscherlich, du seigle ergoté. Il épuise par l'eau la substance pulvérisée, précipite la liqueur par le sous-acétate de plomb, filtre et enlève l'excès de plomb par l'hydrogène sulfuré. La solution filtrée de nouveau et évaporée à consistance de sirop épais, laisse déposer des cristaux de mycose, qu'on lave à l'alcool froid, et qu'on purifie par plusieurs cristallisations.

Le mycose se confond avec la tréhalose par toutes ses propriétés, à l'exception de deux :

Il ne se déshydrate pas entièrement à 100°.

(1) Mitscherlich, *Monatsbericht der König Académie der Wissenschaffen zu Berlin*, 2 novembre 1857.

Son pouvoir rotatoire est plus faible que celui de la tréhalose.

MÉLÉZITOSE. $C^{12}H^{22}O^{11}$ (1).

La mélézitose a été extraite, par M. Berthelot, de la manne de Briançon, exsudation sucrée produite par le mélèze (*Pinus laryx*).

Pour préparer ce sucre, on traite la manne de Briançon par l'alcool bouillant, et l'on évapore la liqueur à consistance d'extrait. Au bout de quelques semaines, il se dépose des cristaux que l'on exprime et que l'on purifie en les faisant cristalliser de nouveau dans l'alcool bouillant.

Ces cristaux vus au microscope apparaissent comme des prismes rhomboïdaux obliques. Leur saveur est sucrée, mais bien moins que celle du sucre de canne; ils possèdent une certaine quantité d'eau de cristallisation qui n'a pu être déterminée, parce qu'ils sont très-efflorescents. Desséchés à 110°, ils répondent à la formule $C^{12}H^{22}O^{11}$.

La mélézitose fond aux environs de 140°, et au-dessous de 200° elle se détruit en donnant les mêmes produits de décomposition que les autres sucres; elle est très-soluble dans l'eau, d'où elle ne se dépose qu'après que les dissolutions sont devenues sirupeuses; elle se dissout aussi un peu dans l'alcool bouillant, très-peu dans l'alcool froid, et pas du tout dans l'éther.

La mélézitose est dextrogyre; son pouvoir rotatoire est égal à $+ 94°,1$. Sous l'influence des acides étendus, et particulièrement de l'acide sulfurique, il se modifie et devient égal à celui de la glucose ordinaire. Cette modification exige environ une heure pour se produire; elle est donc plus lente qu'avec le sucre de canne, et plus rapide qu'avec la tréhalose. Il est à remarquer que, pendant que l'action des acides dédouble le sucre de canne et la mélézitose en deux glu-

(1) Berthelot, *Annales de chimie et de physique*, t. LV, p. 282.

coses différentes, cette même action paraît avec la tréhalose et la mélézitose ne produire qu'un sucre unique.

La mélézitose est susceptible de subir la fermentation alcoolique, mais d'une manière lente et difficile. Au contraire, la fermentation se produit très-facilement, si l'on a soin de faire précéder l'action de la levûre de bière, de celle des acides étendus et bouillants.

Les alcalis n'altèrent point la mélézitose à 100°, et le tartrate cupro-potassique n'en est point réduit. L'acide sulfurique carbonise à froid cette matière sucrée, et l'acide chlorhydrique la brunit très-vite à la température de l'ébullition.

Sous l'influence de l'acide azotique, la mélézitose s'oxyde avec production d'acide oxalique, mais on n'observe jamais dans cette réaction la production de l'acide mucique.

LACTOSE. $C^{12}H^{22}O^{11} + aq.$

La lactose n'a été trouvée jusqu'ici que dans le lait des mammifères, on l'en retire en coagulant le caséum que contient ce liquide par une petite quantité d'acide sulfurique. On filtre, on évapore, et l'on fait cristalliser. Les cristaux doivent être redissous dans l'eau, et leur dissolution décolorée par le noir animal, puis soumise de nouveau à la cristallisation.

Le sucre de lait cristallise en prismes rhomboïdaux obliques, d'une densité de 1,53. Il est dur, transparent, craque sous la dent, et ne présente qu'une saveur très-faiblement sucrée; il se dissout à froid dans 6 parties d'eau avec production de chaleur, et à la température de l'ébullition dans 2 1/2 parties du même liquide.

L'alcool froid et l'éther ne le dissolvent pas. Les cristaux de lactose desséchés à 100° répondent à la formule $C^{12}H^{22}O^{11} + aq.$ Si on les chauffe à 150°, ils perdent leur eau de cristallisation, et peuvent alors être représentés par la même formule que le sucre de canne. A cette température, ils commencent, du reste, à s'altérer un peu, et à 170° ils se détruisent complétement.

Le sucre de lait est doué d'un pouvoir rotatoire dextrogyre. Ce pouvoir, rapporté à la formule $C^{12}H^{22}O^{11}$, est égal à $+ 59°,3$. Il est plus fort de 3/8 avec les solutions récentes, mais il diminue rapidement pour atteindre ce terme constant.

Lorsqu'on chauffe le sucre de lait avec des acides minéraux étendus, ou avec des acides organiques énergiques, on le transforme en galactose, et son pouvoir rotatoire se trouve modifié.

La lactose s'altère à 100° sous l'influence de l'acide chlorhydrique fumant et de l'acide sulfurique concentré, en se carbonisant. L'acide chlorhydrique gazeux se combine à la lactose, en donnant une masse grise d'où l'acide sulfurique le chasse.

Oxydé par l'acide azotique, le sucre de lait fournit de l'acide mucique et de l'acide oxalique. M. Liebig (1) a en outre constaté dans cette réaction la formation de l'acide saccharique et de l'acide tartrique ordinaire.

Traitée par un mélange d'acides azotique et sulfurique, la lactose donne un produit nitré; ce produit, insoluble dans l'eau, se dissout dans l'alcool, et peut se déposer en cristaux de sa solution alcoolique ; il est explosible au-dessus de 100°.

La lactose se combine avec les bases, telles que la soude ou la potasse, dans la proportion de 1 équivalent de sucre pour 3 de base. On prépare ces combinaisons en dissolvant l'alcali dans la solution de sucre de lait et précipitant par l'alcool.

On peut retirer intact le sucre de lait de ces combinaisons obtenues à froid; mais si l'on chauffe ces dernières à 100°, elles jaunissent et se détruisent à la manière des glucosates.

Lorsqu'on dissout du sulfate de cuivre dans une solution

(1) *Annalen der Chemie und Pharmacie*, t. CXIII, p. 1 (nouvelle série, t. XXXVII, janvier 1860).

de sucre de lait, et qu'on ajoute de la potasse à la solution, il se forme un précipité qui se dissout de nouveau. Si l'on ajoute une plus grande quantité de potasse, il se produit un dépôt d'oxydule de cuivre; cette réduction est favorisée par une douce chaleur. La lactose réduit également le tartrate cupro-potassique; seulement, si l'on prend des quantités de glucose et de lactose, qui contiennent le même poids de carbone, on remarque que le sucre de lait réduit moins d'oxyde de cuivre que la glucose. Les quantités réduites sont entre elles comme 10 : 7.

Le sucre de lait ne fermente pas en présence de la levûre de bière, mais, en présence des substances animales, une portion se transforme en galactose, qui subit la fermentation alcoolique, tandis que la majeure partie se transforme en acides acétique et butyrique. Selon M. Luboldt (1), il se produit toujours une certaine quantité d'alcool, lorsque le sucre de lait fermente entre 15° et 20°; mais à mesure que l'acidité se manifeste, la quantité d'alcool produite diminue, sans toutefois s'arrêter complétement.

La solution du sucre de lait est précipitée par l'acétate de plomb ammoniacal.

L'acide tartrique se combine avec la lactose à la température de 100°.

PARASACCHAROSE. $C^{12}H^{22}O^{11}$.

La parasaccharose n'est autre que le sucre isomérique avec le sucre de canne, dont nous avons mentionné la production dans une fermentation spéciale de la saccharose (2). Voici les propriétés de ce nouveau sucre :

La parasaccharose est très-soluble dans l'eau sans être hygrométrique; l'alcool à 90° ne la dissout pas sensiblement.

A 100° elle se colore et paraît se décomposer un peu.

(1) *Journal für praktische Chemie*, 1859, t. LXXVII, p. 282, n° 13.
(2) Jodin, *loc. cit.*

Desséchée dans le vide à 15°, elle répond à la formule $C^{12}H^{22}O^{11}$. La parasaccharose est dextrogyre ; son pouvoir rotatoire est égal à environ + 108° à 10° : il ne varie pas dans les premiers moments de la dissolution.

La parasaccharose réduit le tartrate cupro-potassique ; mais son pouvoir réducteur est inférieur à celui de la glucose et même de la lactose. Des équivalents égaux de ces trois sucres réduisent des quantités d'oxyde de cuivre qui sont entre elles comme 10 : 7 : 5.

Comme la lactose, la parasaccharose est donc intermédiaire entre les sucres qui appartiennent franchement à la famille de la saccharose, et ceux qui se groupent autour de la glucose.

La parasaccharose n'est pas modifiée par l'acide sulfurique étendu, à 100°, même après une heure. Au contraire, l'acide chlorhydrique brunit ses solutions, élève son pouvoir réducteur au niveau de celui de la lactose et abaisse son pouvoir rotatoire au niveau de celui de la saccharose.

CHAPITRE IV.

FONCTIONS DES SUCRES.

Les sucres sont des alcools; ce n'est plus douteux depuis que M. Berthelot est parvenu à les combiner synthétiquement avec les acides avec élimination d'une certaine quantité d'eau, en donnant naissance à des corps analogues aux corps gras et saponifiables comme ces derniers. Un second fait définitivement fixé aujourd'hui, c'est que les sucres sont des alcools polyatomiques. Si l'on chauffe un sucre avec une quantité donnée d'acide acétique dans un tube scellé à la lampe, et qu'à l'ouverture du tube on dose la quantité d'acide resté libre par un essai volumétrique, on constate la neutralisation d'une certaine quantité d'acide.

Qu'on extraie et qu'on purifie avec soin le composé neutre qui a pris naissance, qu'on le chauffe une seconde fois dans un tube scellé avec de l'acide acétique; à l'ouverture du tube un essai volumétrique démontre qu'une certaine quantité d'acide a été neutralisée. Un tel phénomène ne peut se produire qu'avec un alcool polyatomique. Lorsqu'on se sert d'un alcool ordinaire, il y a bien production d'un éther, mais cet éther n'a plus d'action sur de nouvelles portions d'acide.

Ainsi, les sucres sont des alcools, et des alcols polyatomiques. Il faut savoir seulement si ces alcools sont simples, comme le glycol ou la glycérine, ou condensés, comme les glycols polyéthyléniques et les alcools polyglycériques; enfin, quel est le degré de leur atomicité.

Pour cela, prenons successivement les sucres de chaque groupe, et discutons-en les réactions.

D'abord la mannite et la dulcite.

Ces composés ont pour formule $C^6H^{14}O^6$, qui leur assigne 6 atomes d'oxygène ; or, nous savons qu'en général l'atomicité des alcools simples est égale à la quantité d'oxygène qu'ils contiennent; nous pouvons donc déduire à priori de cette règle générale, que la mannite est un alcool hexa-atomique. Si nous traitons la mannite par l'acide azotique, nous obtenons un produit nitré qui représente l'éther hexanitrique de cet alcool, et qui a pour formule rationnelle $\left.\begin{matrix}C^6H^{8\,VI}\\6(AzO^2)\end{matrix}\right\}O^6$. Cet éther est d'autant plus utile pour fixer l'atomicité de la mannite, que son azote est un élément nouveau introduit dans la combinaison, et que, par suite, les quantités de cet élément varient pour un seul équivalent d'acide azotique dans des proportions telles, que les erreurs inévitables de l'analyse organique ne peuvent plus fausser nos conclusions.

Les produits qu'on obtient, en combinant la mannite ou la dulcite avec les acides acétique ou butyrique, ont une propriété remarquable que nous avons déjà signalée. Lorsqu'on les saponifie, ils ne régénèrent pas l'alcool primitif et l'acide qui entre dans leur constitution, mais bien cet acide et un anhydride de la mannite ou de la dulcite, — la mannitane ou la dulcitane. — M. Berthelot considère ces anhydrides comme de véritables alcools dont la mannite et la dulcite ne seraient que des hydrates, et il leur assigne une atomicité égale à 6.

Il est vrai que la mannitane et la dulcitane sont des alcools. L'étude des composés polyatomiques nous a montré d'une manière certaine que les anhydrides d'un alcool conservent les fonctions alcooliques, pourvu qu'il leur reste une certaine quantité d'hydrogène typique; mais je n'admets pas : 1° que la mannite et la dulcite ne soient pas des alcools par elles-mêmes; 2° que l'atomicité de la mannitane ou de la dulcitane soit égale à 6.

En effet, l'étude des alcools condensés montre, comme

l'a très-bien fait remarquer M. Lourenço, qu'à mesure que les composés se compliquent, le composé fondamental a de moins en moins de stabilité, et les anhydrides de plus en plus de tendance à se produire. D'autre part, d'après M. Baüer, tandis que le glycol ordinaire a une stabilité telle qu'on l'obtient par l'action directe de l'oxyde d'éthylène sur l'eau, l'amylglycol, au contraire, paraît subir une déshydratation très-faible sous l'influence de la chaleur. Ce même chimiste a montré que lorsqu'on s'élève dans la série jusqu'au glycol diamylénique, on peut bien encore obtenir les éthers composés de cet alcool, mais non le glycol lui-même; dans la saponification du diacétate de diamylène, par exemple, au lieu du glycol diamylénique, c'est l'oxyde de diamylène qui prend naissance.

Appliquons ces données à la mannite et à la dulcite; les faits deviennent d'une clarté extraordinaire. Lorsqu'on chauffe la mannite avec un acide, il se produit un éther hexa-atomique, mais lorsqu'on cherche à saponifier cet éther, le groupe mannite n'ayant pas une stabilité suffisante pour résister à l'ébranlement moléculaire qu'on lui fait subir, on n'obtient que le premier anhydride de cet alcool, la mannitane.

Vient-on maintenant à chauffer la mannitane avec un acide, elle commence par se saturer en se combinant à un équivalent de l'acide hydraté, à la manière de l'oxyde d'éthylène ou de l'épichlorhydrine ; il se produit ainsi un éther mono-acide de la mannite qui, par une action éthérifiante ultérieure, peut se transformer en mannite di- tri... hexa acide.

La seule objection que M. Berthelot puisse faire à cette manière rationnelle d'interpréter les faits, c'est que les analyses des composés dont nous parlons ne répondent point à la formule d'une mannite hexa-acide, et répondent au contraire à celle d'un éther hexa-acide de la mannitane. M. Berthelot cherche même à établir qu'il y a entre les formules de ces deux composés une différence plus grande que celle qui peut résulter d'une erreur d'analyse. Ce fait serait vrai si l'on pouvait être absolument sûr de la pureté du produit, mais comme la mannitane peut, après tout, jouer le rôle d'un alcool tétra-atomique, puisqu'elle contient encore quatre atomes d'hydrogène typique, on peut très-bien avoir des mélanges d'éthers mannitiques et d'éthers mannitaniques, que l'analyse est impuissante à déterminer; enfin, il n'est pas impossible que, lorsqu'on chauffe à 200° de la mannite avec un acide, la portion de ce sucre, qui n'entre pas en réaction, se transforme en mannitane, et que cet anhydride, se combinant à l'éther mannitique déjà produit, ne donne naissance à des composés condensés qui viennent encore augmenter la confusion.

En résumé, nous considérons la mannite et la dulcite comme des alcools hexa-atomiques; la mannitane et la dulcitane sont des anhydrides pouvant jouer le rôle d'alcools tétra-atomiques, mais ayant une tendance plus grande à se combiner aux acides sans élimination d'eau pour régénérer un éther mono-acide de leurs alcools respectifs.

L'oxydation de la mannite vient à l'appui de notre manière de voir. Si c'est la mannitane qui joue le rôle d'alcool, le premier acide de cet alcool aura pour formule $C^6H^{10}O^6$, et le second $C^6H^8O^7$, ainsi que l'indiquent les deux équations ci-dessous :

$$\underbrace{C^6H^{12}O^5}_{\text{Mannitane.}} + O^2 = H^2O + \underbrace{C^6H^{10}O^6}_{\text{Premier acide.}}$$

$$\underbrace{C^6H^{12}O^5}_{\text{Mannitane.}} + O^4 = H^4O^2 + \underbrace{C^6H^8O^7}_{\text{Deuxième acide.}}$$

Si, au contraire, c'est la mannite qui fait fonction d'alcool, les deux premiers acides qui en dériveront par oxydation auront pour formule $C^6H^{12}O^7$ et $C^6H^{10}O^8$, comme le démontrent les deux équations suivantes :

$$\underbrace{C^6H^{14}O^6}_{\text{Mannite.}} + O^2 = H^2O + \underbrace{C^6H^{12}O^7}_{\text{Premier acide.}}$$

$$\underbrace{C^6H^{14}O^6}_{\text{Mannite.}} + O^4 = H^4O^2 + \underbrace{C^6H^{10}O^8}_{\text{Deuxième acide.}}$$

Or, l'acide $C^6H^{12}O^7$ n'est autre que l'acide mannitique obtenu par M. Gorup Besanez en oxydant la mannite par le noir de platine, et l'acide $C^6H^{10}O^8$ n'est autre que l'acide saccharique obtenu par l'oxydation de la mannite au moyen de l'acide azotique, ou l'acide mucique obtenu en traitant la dulcite par le même agent.

Le problème qui nous reste à résoudre est celui-ci : la mannite est-elle un alcool simple ou un alcool condensé? Il n'est pas douteux qu'elle ne soit un alcool simple. Deux ordres de faits également importants l'établissent : 1° dans les alcools condensés, le nombre d'atomes d'oxygène est supérieur au nombre d'atomes d'hydrogène typiques que contient l'alcool, et nous venons de constater que la mannite est hexa-atomique.

Les quantités d'hydrogène typique et d'oxygène contenues dans ce corps sont donc les mêmes. La mannite est un alcool simple.

2° En traitant les alcools polyatomiques simples, la glycérine par exemple, par l'acide iodhydrique, on obtient l'éther iodhydrique de l'alcool mono-atomique de la même série. Si, au contraire, on soumet à l'action de cet acide un alcool condensé, on donne naissance à des corps dont la molécule contient moins de carbone que le composé primitif; c'est ainsi que, dans ce cas, l'alcool diéthylénique donne, non pas de l'iodure de butyle, mais de l'iodure d'éthylène (1).

Or, en soumettant la mannite à l'action de l'acide iodhydrique, MM. Wanklin et Erlenmeyer ont obtenu l'iodure

(1) Wurtz, *Expériences inédites.*

d'hexyle, qui contient autant de carbone que la mannite elle-même.

La mannite est donc un alcool hexa-atomique non condensé, et sa formule rationnelle doit s'écrire $\left.\begin{matrix} C^6H^{8\,VI} \\ H^6 \end{matrix}\right\} O^6$.

Il en est de même de la dulcite, qui, soumise à l'action de l'acide iodhydrique, a donné les mêmes résultats.

Examinons maintenant la glucose et ses congénères.

Ces corps ont évidemment pour formule $C^6H^{12}O^6$. Ce ne sont pas des produits de condensation, car on sait que, sous l'influence de l'hydrogène naissant, ces sucres se transforment en mannite; comme la mannite, ils jouent le rôle d'alcools. Ici deux hypothèses se présentent : ou bien ce sont des alcools hexa-atomiques, comme la mannite, mais isologues de cette dernière, c'est-à-dire présentant vis-à-vis d'elle le même rapport que l'alcool acétylique vis-à-vis de l'alcool éthylique, ou que l'alcool allylique vis-à-vis de l'alcool propylique ; ou bien ils représentent le premier aldéhyde de la mannite, et jouent à la fois le rôle d'alcools penta-atomiques et d'aldéhydes mono-atomiques.

M. Berthelot émet les deux hypothèses sans les résoudre.

Le fait de l'hydrogénation directe des glucoses et de leur transformation en mannite ne peut en rien nous éclairer sur ce point. L'alcool allylique, ainsi que l'a vu M. Lourenço, se transforme en alcool propylique tout aussi bien que l'aldéhyde en alcool. La réaction est donc possible dans les deux hypothèses, et ne jette aucun jour sur la question.

Mais, jusqu'ici, nous ne connaissons aucun alcool qui, en s'oxydant, perde de l'hydrogène et donne naissance à un nouvel alcool isologue du premier. Dans ce cas, c'est toujours un aldéhyde qui se forme. Or, M. Gorup Besanez (1) a obtenu une glucose par l'oxydation de la mannite, et cette réaction donne un grand poids à la deuxième manière d'envisager les glucoses.

(1) Gorup Besanez, *loc. cit.*

Voici une autre preuve : la glucose par les oxydants se transforme en acide saccharique. Cette oxydation ne s'explique bien qu'en admettant que la glucose est un alcool-aldéhyde, car alors seulement ce corps pourra fixer un atome d'oxygène avant de subir une nouvelle substitution. Quant à savoir si ce sont les glucoses ou les glucosanes qui sont des alcools, nous aurions à répéter à ce sujet tout ce que nous avons dit à l'occasion de la mannite. D'ailleurs, nous nous éloignons beaucoup moins ici des opinions de M. Berthelot, qui admet des éthers de glucoses et des éthers de glucosanes comme étant possibles les uns et les autres.

En résumé, nous considérerons les glucoses comme jouant le rôle d'aldéhydes mono-atomiques et d'alcools penta-atomiques, et comme étant susceptibles de produire des anhydrides, des glucosanes, faisant alors fonctions d'alcool.

Nous devons ajouter, toutefois, que parmi les nombreux isomères de la glucose, il pourrait bien s'en trouver qui répondissent à la première hypothèse et fussent des alcools hexa-atomiques isologues de la mannite. La composition de l'inosite hexanitrique nous porterait même à considérer l'inosite de cette manière.

A côté des glucoses, nous placerons la pinite et la quercite, qui, ayant la même quantité d'hydrogène, doivent se rapporter, selon nous, à la même série.

Établissons d'abord qu'il n'y a aucun rapport entre ces deux sucres et leur homologue, la mannitane. La mannitane diffère de la pinite et de la quercite par une propriété fondamentale : abandonnée à l'air libre, ou chauffée avec de l'eau de baryte, elle s'hydrate et donne de la mannite. Dans ces conditions, la pinite et la quercite restent inaltérées. La pinite et la quercite ne sont donc pas des anhydrides, car elles manquent de la propriété caractéristique de ce groupe de corps : la propriété de s'hydrater.

Ce point une fois établi, la double hypothèse qui vient d'être posée au sujet des glucoses se retrouve ici : ou la pinite et la quercite sont des alcools penta-atomiques isologues d'un alcool inconnu dont la formule serait $C^6H^{14}O^5$, ou ce sont des aldéhydes mono-atomiques dérivant de ce même alcool inconnu, et jouant le rôle d'alcools tétra-atomiques. Jusqu'ici, aucune réaction ne permet de trancher la question; le moyen le plus simple d'y arriver consisterait à transformer la pinite ou la quercite en l'alcool inconnu dont nous parlons, au moyen de l'hydrogène naissant. On verrait ensuite si cet alcool régénérerait ou non ces corps par l'oxydation. Si la régénération avait lieu, on en conclurait la nature aldéhydique de la pinite, sinon, on serait conduit à penser que ce corps est simplement un alcool penta-atomique.

Nous disons que si la pinite et la quercite ne sont que des alcools, ils doivent avoir une atomicité égale à 5, parce qu'ils possèdent 5 atomes d'oxygène, et cependant, nous avons admis que la mannitane isomère de ces deux corps peut fonctionner comme un alcool tétra-atomique. Ce fait n'a rien qui doive étonner : tout alcool polyatomique en se déshydratant perd 2 atomes d'hydrogène typique par molécule d'eau éliminée. Les corps qui résultent de cette perte d'eau ont une atomicité inférieure d'une unité à celle des alcools d'une autre série qui sont isomères avec eux. C'est ainsi que l'oxyde d'éthylène dérivé du glycol ne possède plus d'hydrogène typique, tandis que l'alcool acétylique, son isomère, en possède 1 atome. Si la pinite et la quercite ne jouent pas d'autre rôle que celui d'alcool, elles présentent vis-à-vis de la mannitane la même relation que l'alcool acétylique vis-à-vis de l'oxyde d'éthylène.

A côté de la pinite et de la quercite, se place l'érythrite, sur laquelle il n'y a plus de discussion possible, M. de Luynes, ayant définitivement établi sa formule $C^4H^{10}O^4$, qui en fait l'alcool tétra-atomique de la série butylique.

Il nous reste maintenant à parler du sucre de canne et de ses isomères.

Un fait domine l'étude de ces corps : ils sont susceptibles

de se dédoubler en s'hydratant, et de fournir ainsi deux sucres différents. Il est vrai que ce fait, aisément constatable pour la mélitose et la saccharose, l'est moins en ce qui concerne la tréhalose et la mélézitose; mais en présence de l'analogie de propriétés qui existe entre tous ces corps, il est probable que la tréhalose et la mélézitose subissent le même dédoublement; seulement ce dédoublement n'est pas constatable, parce qu'au lieu de se produire ici deux sucres différents, il se produit deux équivalents d'un seul et même sucre; en un mot, il paraît y avoir entre le dédoublement de la tréhalose et celui de la saccharose la même relation que nous trouvons entre le dédoublement de l'éther ordinaire et celui de l'éther mixte méthyl-éthylique.

De ces réactions, nous sommes obligé de déduire que les sucres de cette classe contiennent dans leur molécule deux groupements séparés, qu'en un mot, on doit les considérer comme des alcools condensés, et représenter leur composition par la formule rationnelle

$$\left.\begin{matrix} C^6H^{6\,VI} \\ C^6H^{6\,VI} \\ H^{10} \end{matrix}\right\} O^{11}.$$

dans laquelle C^6H^6 peut représenter deux fois le radical hexa-atomique d'un seul et même sucre, ou les deux radicaux de deux sucres différents.

S'il en est ainsi, et que ces sucres soient assez stables pour se combiner quelquefois avec les acides sans se détruire, il résulte de leur formule même qu'ils doivent jouer le rôle d'alcools déka-atomiques. On conçoit quelles difficultés présente la solution expérimentale d'un pareil problème en présence surtout de l'extrême instabilité des composés dont il s'agit.

La fonction des sucres étant établie jette une lumière nouvelle sur un certain groupe de corps, tels que l'amygdaline, l'arbutine, la phillyrine, la salicine, l'esculine, la populine, etc., corps qui, on le sait, sont susceptibles d'absorber de l'eau, et de se dédoubler en glucose et en une foule d'autres produits, parmi lesquels on trouve des acides, des aldéhydes, de l'ammoniaque, des phénols. Il est évident que ces composés sont des glucosides, ou, plus généralement, des saccharides qui se saponifient à la manière des dérivés des alcools. Nous n'avons donc pas à nous étendre plus longtemps sur ces substances. Un fait seulement nous arrêtera : le fait que présente la saponification de la populine. Lorsqu'on hydrate cette dernière, elle ne se résout pas immédiatement en acide benzoïque, saligénine et glucose. Si les actions sont ménagées on obtient d'abord de l'acide benzoïque et de la salicine. Ce n'est que par une action ultérieure que la salicine se transforme en saligénine et en glucose.

On voit par là que, dans la saponification des glucosides, on peut, si l'action est convenablement choisie et suffisamment ménagée, retirer un à un, pour ainsi dire, les divers produits qui entrent dans la composition de ces corps.

Ce phénomène, qui ne présente aucune utilité pour le chimiste lorsque les divers principes constituants d'un glucoside sont bien différents, en présente au contraire de bien marqués lorsqu'on a affaire à un produit de condensation dans lequel n'entre qu'un seul et même principe. M. Berthelot a su déjà tirer de là des considérations relatives à l'amidon qui nous paraissent intéressantes et que nous croyons utile de reproduire. L'analyse de l'amidon conduit aux rapports $C^6H^{10}O^5$; mais l'analyse ne pouvant fixer le degré de complication moléculaire, nous ignorons si $C^6H^{10}O^5$ représente la vraie formule de l'amidon, ou si cette formule est un multiple de la précédente. La forme organisée que présente l'amidon, et qui ne se rencontre guère qu'avec des composés fort compliqués, doit nous faire pencher pour une formule multiple de $C^6H^{10}O^5$; mais quel sera ce multiple? C'est ce que nous ignorons.

D'un autre côté, si nous considérons les divers alcools condensés dérivés de la glucose, nous leur trouverons les formules suivantes :

$$\left.\begin{matrix} C^6H^{6^{VI}} \\ C^6H^{6^{VI}} \\ H^{10} \end{matrix}\right\} O^{11} = C^{12}H^{22}O^{11}, \text{ dont le premier anhydride est } C^{12}H^{20}O^{10}.$$

Alcool diglucosique.

$$\left.\begin{matrix} C^6H^{6^{VI}} \\ C^6H^{6^{VI}} \\ C^6H^{6^{VI}} \\ H^{14} \end{matrix}\right\} O^{16} = C^{18}H^{32}O^{16}, \text{ dont le premier anhydride est } C^{18}H^{30}O^{15}.$$

Il suffit de jeter un coup d'œil sur ces formules pour constater que les deux anhydrides $C^{12}H^{20}O^{10}$ et $C^{18}H^{30}O^{15}$ sont des multiples des rapports $C^6H^{10}O^5$ adoptés pour l'amidon ; l'amidon pourrait donc être ou l'anhydride de l'alcool diglucosique ou l'anhydride de l'alcool triglucosique, ou l'alcool triglucosique lui-même, parce qu'avec un tel degré de complication moléculaire, l'analyse ne saurait décider entre deux formules aussi rapprochées que $C^{18}H^{32}O^{16}$ et $C^{18}H^{30}O^{15}$.

Si l'amidon est l'anhydride diglucosique, il doit, sous les influences hydratantes, se résoudre d'un seul coup en deux molécules de glucose. Mais si l'amidon est l'anhydride ou l'alcool triglucosique, il devra être possible, en ménageant convenablement les réactions, de le dédoubler premièrement en glucose et en alcool diglucosique, et de dédoubler ensuite par une action plus énergique l'alcool diglucosique lui-même en 2 équivalents de glucose.

Or c'est ce dernier cas qui se présente, ainsi que nous avons eu déjà l'occasion de le dire. M. Musculus a vu que lorsqu'on fait agir la diastase sur l'amidon, celui-ci se dédouble en dextrine et glucose, et l'on sait que sous l'influence des acides, la dextrine se saccharifie à son tour. L'amidon doit donc être considéré comme l'alcool ou l'anhydride triglucosique. Lorsqu'on le saccharifie, il se transforme d'abord en un équivalent de glucose et de dextrine qui représente l'anhydride diglucosique ; celle-ci peut ensuite se scinder à son tour en deux molécules de glucose. Nous représenterons donc, avec M. Berthelot, l'amidon par une des deux formules

$$C^{18}H^{32}O^{16}$$
$$C^{18}H^{30}O^{15}.$$

A côté de l'amidon se place un autre principe qui lui est isomère, la cellulose. Il est évident que si l'amidon est un produit de condensation, la cellulose doit en être un aussi. On ignore s'il existe plusieurs celluloses différentes; on n'en connaît qu'une seule; mais il est certain que les moyens dont on se sert pour la purifier (action des alcalis ou des acides bouillants) pourrait ramener à cet état unique des produits beaucoup plus compliqués.

Quoi qu'il en soit, dans la saccharification de la seule cellulose que nous connaissons, on n'a pas observé de dédoublement analogue à celui que subit l'amidon.

Une autre considération, cependant, amène M. Berthelot à ne considérer la cellulose que comme un produit de première condensation. Lorsque deux molécules d'un alcool se combinent en éliminant de l'eau, chacune perd une de ses affinités, si bien que l'atomicité du composé est inférieure de deux unités au double de l'atomicité de l'alcool primitif. Si donc on suppose que les deux alcools qui se combinent soient de nature différente, et que l'un soit susceptible de subir six fois une réaction que l'autre ne saurait subir une seule fois, le produit de condensation sera capable d'éprouver cinq fois cette réaction. En admettant que des deux sucres qui entrent dans la constitution de la cellulose, et qui tous deux doivent être hexa-atomiques, un seul fût attaquable par l'acide azotique, la cellulose devrait être, elle aussi, attaquable par cet acide, mais ne devrait pouvoir donner qu'un dérivé pentanitrique ; or c'est là ce qui arrive, les chimistes n'ayant jamais pu remplacer dans ce corps plus de 5 atomes d'hydrogène par de l'hypo-azotide.

Ce raisonnement ne nous paraît pas probant. Si la cellulose était le résultat de la condensation de trois molécules d'un ou de plusieurs alcools, une de ces trois molécules aurait bien perdu deux atomes d'hydrogène typique, mais les deux autres n'en auraient perdu qu'une seule. Dès lors chacune de ces molécules aurait encore 5 équivalents d'hydrogène remplaçables; et si l'un de ces deux alcools était attaquable par l'acide nitrique, à l'exclusion de l'autre et de celui qui aurait perdu deux de ses hydrogènes typiques, on aurait encore cinq pour limite de la substitution nitreuse.

Le raisonnement que nous venons de faire peut s'appliquer à des produits quatre, cinq, six fois condensés. La remarque de M. Berthelot ne prouve donc rien relativement au degré de condensation de la cellulose.

Ces considérations sur l'amidon et la cellulose sont d'une haute importance. Si les faits qu'elles font pressentir étaient rigoureusement démontrés, ces deux corps ne seraient plus les générateurs des sucres; ils seraient au contraire engendrés par eux.

Du reste, si, comme certaines expériences encore incomplètes tendent à le prouver, l'albumine, la gélatine et la chondrine étaient des dérivés ammoniacaux des sucres, les sucres deviendraient le foyer de production de toutes les substances organisées, l'élément premier de la vie.

Ces questions sont sans doute encore très-obscures, et ne laissent pas espérer une solution prochaine; mais les hypothèses auxquelles elles donnent lieu se déduisent des faits que nous connaissons avec une logique si ferme, et sont d'une importance si grande, que j'ai cru de mon devoir de les indiquer ici.

CHAPITRE V.

USAGES PHARMACEUTIQUES DES SUCRES.

On ne fait usage en pharmacie que de deux produits sucrés : le sucre de canne et le miel.

Le sucre de canne entre dans la composition de toute une classe de médicaments désignés sous le nom de *saccharolés;* il est destiné à rendre ces médicaments plus agréables au goût ou à favoriser leur conservation. Dans la classe des saccharolés sont : les sirops, les mellites, les conserves, les gelées, les oléo-saccharums, les saccharures, les pâtes, les tablettes et les pastilles.

Les *sirops* sont des médicaments coulant très-lentement et ne devant leur consistance qu'au sucre qu'ils renferment. Ils sont d'une grande utilité ; ils permettent de présenter le médicament sous une forme qui n'affecte pas trop désagréablement le goût des malades ; ils facilitent la conservation des sucs qu'on n'a pas toujours frais, et ils offrent une solution de concentration constante.

Les *mellites* sont des sirops dans lesquels le miel remplace le sucre. Ils s'altèrent plus vite que les sirops.

Les *conserves* s'obtiennent par l'association du sucre à une pulpe végétale. Elles sont destinées à conserver les pulpes que l'on ne peut avoir fraîches toute l'année. Malheureusement on arrive rarement à ce résultat ; le plus souvent les conserves fermentent et s'altèrent au bout de quelques mois. On donne presque toujours aux conserves une consistance de pâte molle ; quelquefois elles sont solides, celles d'ache et d'angélique par exemple.

Les *gelées* sont surtout caractérisées par leur consistance tremblotante. Il y a des gelées animales et des gelées végétales. Les premières doivent leur consistance à la gélatine; les secondes la doivent tantôt à la matière amylacée, c'est le cas de la gelée de lichen d'Islande, tantôt à des composés pectiques : on peut alors les conserver plus facilement.

Les *pâtes* sont des médicaments qui ont la consistance de la pâte de boulanger arrivée à un degré de fermeté suffisant pour ne plus adhérer aux doigts ; elles se composent de gomme et de sucre. Les substances médicamenteuses qu'on y associe n'ont généralement aucun effet.

Les *oléo-saccharums* sont des mélanges intimes de sucre et d'une huile essentielle. On les prépare en broyant ensemble 4 grammes de sucre et une goutte d'essence. On peut encore frotter un morceau de sucre avec la partie végétale qui fournit l'essence et pulvériser ensuite. On opère ainsi avec les écorces des fruits des hespéridées.

Les *saccharures* sont des mélanges intimes et pulvérulents d'une substance médicamenteuse et de sucre. On les prépare en dissolvant ensemble cette substance et le sucre, en évaporant la solution et en pulvérisant le résidu. On peut les obtenir aussi par simple pulvérisation.

Les *tablettes* et les *pastilles* sont des pâtes durcies et cassantes. Comme elles doivent favoriser l'ingestion de certaines substances, en améliorant leur goût, il faut éviter d'y faire entrer des médicaments dont la saveur serait très-désagréable.

On réserve plus particulièrement le nom de *pastilles* à ceux de ces médicaments qui ont été obtenus par la cuite du sucre et qui ne contiennent que du sucre et des aromates.

Parmi les formes pharmaceutiques de ce groupe, une seule, celle des sirops, comporte des développements généraux. Nous allons en faire une étude détaillée.

DES SIROPS.

Nous avons défini les sirops ; nous ajouterons que les liquides qui entrent dans leur constitution sont très-variables. Ce sont généralement des liqueurs aqueuses ; quelquefois on y fait entrer des liqueurs vineuses ou alcooliques, comme dans le sirop de quinquina au vin. Les sirops de cette espèce sont même trop négligés et mériteraient une plus large place dans le Codex.

Un bon sirop doit être clair, limpide et ne pas fermenter. On réalise cette dernière condition en mettant le sucre et l'eau dans la proportion de 1000 parties de sucre pour 530 parties d'eau, ou 66 parties de sucre pour 34 d'eau. Si le sirop était moins concentré, il fermenterait ; s'il l'était plus, il cristalliserait. Ce dernier inconvénient est plus grave qu'il ne paraît l'être : lorsqu'un sirop a commencé à laisser déposer en cristaux le sucre qu'il contient, ce sucre est pour ainsi dire entraîné; le sirop finit par ne plus être assez concentré et il fermente. Si les liqueurs dont on se sert pour la fabrication des sirops étaient elles-mêmes sucrées, il faudrait, bien entendu, modifier les proportions précédentes.

Nous allons décrire les divers modes opératoires à l'aide desquels on obtient le sirop de sucre et les sirops médicamenteux ; nous résumerons ensuite un mémoire très-important qui a été présenté en 1861 à la Société de pharmacie sur ce sujet (1).

Sirop de sucre.

Le sirop de sucre peut être préparé par simple solution ou par coction et clarification.

Dans le premier cas, on dissout 66 parties de sucre dans 34 parties d'eau en s'aidant d'une douce chaleur. On laisse refroidir le liquide et on le met en bouteilles. Ce procédé exige l'emploi du sucre raffiné de première qualité. Si le sucre n'était pas très-blanc, il faudrait agiter le sirop avec un peu de noir animal et le filtrer ensuite au papier.

(1) *Journal de pharmacie et de chimie*, t. XL, p. 381 et 472.

La méthode par coction et clarification est plus compliquée; elle comporte des procédés divers :

1° *Clarification par l'albumine.* — On dissout le sucre brut dans une quantité d'eau supérieure à celle que doit contenir le sirop; on ajoute à la solution des blancs d'œuf délayés dans l'eau, et l'on porte lentement le tout à l'ébullition; puis, on écume et l'on ajoute de l'eau albumineuse, alternativement. Enfin on filtre et l'on achève d'évaporer, afin d'amener le sirop au degré de concentration voulu.

2° *Clarification par l'albumine et le noir.* — On opère comme dans le cas précédent; seulement on ajoute à l'albumine une certaine quantité de noir en poudre, ce qui rend la clarification plus facile. On peut encore, après avoir clarifié par l'albumine, filtrer à travers une caisse pleine de noir animal en grains, comme dans l'industrie. Cette méthode débite beaucoup et donne un sirop de fort belle qualité.

Nous avons déjà dit qu'après la clarification on devait évaporer jusqu'à concentration convenable. Il existe plusieurs moyens pour reconnaître si l'on a atteint ce degré; trois seulement peuvent être recommandés au pharmacien : la balance, l'aréomètre, le thermomètre.

Si l'on veut faire usage de la balance, il faut tarer d'abord la bassine où l'on fait l'évaporation, peser le sucre et porter de temps à autre la bassine sur le plateau de la balance. Lorsque le poids de son contenu est égal à celui du sucre employé augmenté du poids de l'eau que l'on veut laisser dans le sirop, il est temps d'arrêter l'opération.

Avec le thermomètre, on cesse l'évaporation lorsque la température du liquide bouillant s'élève à 105°.

Le procédé par l'aréomètre est le plus sûr et le plus commode. Il consiste à plonger un pèse-sirop dans le liquide en ébullition. La cuite est terminée lorque l'instrument marque 30° si l'on est en hiver, ou 30°,5 si l'on est en été, de façon à marquer 35° après refroidissement, ce qui correspond à une densité de 1,261.

A ces moyens de reconnaître le degré de la cuite d'une solution de sucre s'en ajoutent d'autres fondés sur les caractères physiques du sirop. Ceux-ci exigent une grande pratique et ne peuvent donner qu'une exactitude médiocre; aussi nous n'en conseillons point l'usage et nous nous dispensons de les décrire.

Sirops médicinaux.

On obtient les sirops médicinaux : 1° par simple solution ; 2° par solution et évaporation; 3° par clarification avec l'albumine; 4° par mélange avec le sirop de sucre et évaporation ; 5° par mélange avec le sirop de sucre sans évaporation; 6° par clarification au papier.

1° *Simple solution.* — Le manuel opératoire est le même que pour le sirop de sucre. Il suffit de remplacer l'eau par des eaux distillées, des infusés, des macérés, des décoctés, des sucs de plantes, etc. On peut aussi faire usage de ce procédé avec les liqueurs extractives. Dans ce cas, il faudrait commencer par évaporer les liqueurs jusqu'à ce qu'elles aient été ramenées à un volume déterminé.

2° *Solution et évaporation.* — On dissout le sucre dans un excès de véhicule et l'on évapore ensuite. On se sert de ce procédé pour les sirops faits avec les sucs dépurés, comme les sirops de nerprun, d'ortie, de fumeterre; on s'en sert aussi pour le sirop de quinquina.

3° *Coction et clarification.* — On opère avec l'albumine comme s'il s'agissait du sirop de sucre. M. Salles a proposé de ne point écumer, d'abandonner au repos et de décanter lorsque l'albumine s'est déposée. Cette modification est heureuse, pourvu que les liquides contiennent assez d'impuretés pour rendre l'albumine lourde et en faciliter la précipitation.

4° *Mélange au sirop de sucre et évaporation.* — On mêle le liquide médicamenteux avec le sirop de sucre et l'on évapore. Ce procédé dispense de l'emploi du sucre raffiné ; on s'en sert de préférence pour les liquides très-aqueux. Si la solution est extractive, on mêle le sirop aux dernières portions d'eau qui ont servi à épuiser le végétal; on évapore au delà du point nécessaire et l'on décuit ensuite avec les premières portions de liqueur mises en réserve. De cette manière, on évite l'altération par la chaleur, des parties actives auxquelles il est nécessaire de conserver toutes leurs propriétés. C'est ainsi qu'on opère avec la douce-amère, les cinq racines, la pensée sauvage, la mousse de Corse, etc.

5° *Simple mélange avec le sirop de sucre sans évaporation.* — Si le liquide à ajouter est peu abondant, et s'il n'est pas nuisible de diminuer un peu le degré de cuisson du sirop, on fait simplement le mélange. Ce procédé est employé avec les solutions de certaines substances chimiques, comme le chlorhydrate de morphine et le sulfate de protoxyde de fer. On l'emploie aussi si la liqueur est abondante, pourvu qu'elle ne dépasse pas le poids de l'eau que le sirop peut perdre par évaporation. Dans ce cas on cuit le sirop jusqu'à ce qu'il ait perdu une quantité d'eau égale à celle du liquide qu'on se propose d'y ajouter, puis on opère le mélange; le meilleur moyen d'évaluer la quantité d'eau que le sirop a perdue consiste à faire usage de la balance.

6° *Clarification au papier.* — On réduit en bouillie du papier joseph humecté d'eau, on le mêle avec le sirop et l'on filtre sur un morceau de laine attaché à un cadre de bois. On doit se servir de ce procédé toutes les fois que l'on a des substances qui exercent une action chimique sur l'albumine.

Les *mellites* se préparent exactement comme les sirops. Seulement on emploie 3 parties de miel pour 1 partie d'eau. On ne fait jamais bouillir les mellites, parce qu'ils sont très-altérables; on ajoute du vinaigre à ces produits lorsqu'on veut obtenir ce que l'on désigne sous le nom d'*oxymels*.

D'après le rapport de la commission chargée par la Société de pharmacie de s'occuper de la question des sirops, ces formes pharmaceutiques se divisent en deux classes :

Première classe, *sirops simples;* deuxième classe, *sirops composés.*

Première classe. — Les sirops simples forment quatre groupes :

Premier groupe. — Il contient les sirops dans la composition desquels le liquide entre pour 66 parties et le sucre pour 34. Ce groupe se subdivise en quatre genres : dans le premier, le liquide est l'eau pure, et l'on n'y trouve que le sirop de sucre ; dans le second, le liquide est une eau distillée, comme dans le sirop d'eau de fleur d'oranger ; le troisième genre est caractérisé par la nature du véhicule, qui est une solution aqueuse ; dans le dernier se placent les sirops obtenus :

A. Par la solution d'un médicament chimique ; *B*, en traitant un végétal par expression, macération, infusion, digestion, décoction, déplacement par l'eau alcoolisée ; *C*, à l'aide d'une substance animale.

Deuxième groupe, comprenant les sirops obtenus avec 64 parties de sucre pour 36 parties de liquide.—Il n'est formé que d'un seul genre caractérisé par le véhicule, qui est un suc végétal fermenté : le sirop de cerises appartient à ce groupe.

Troisième groupe. — Ici la commission met des sirops qui contiennent 62 parties de sucre et 38 parties de liquide ; dans ce groupe il n'y a qu'un sirop, le sirop d'orgeat ; on pourrait peut-être en préparer d'autres de la même manière avec des liqueurs émulsives.

Quatrième groupe. — On y range les sirops faits avec des liqueurs vineuses, et contenant 44 parties de vin pour 56 parties de sucre : exemple, sirop de quinquina au vin.

Deuxième classe. — Les sirops composés doivent être préparés suivant les méthodes usitées pour les sirops simples ; ils diffèrent de ces derniers par le nombre des substances médicamenteuses qui entrent dans leur composition.

Après avoir tracé cette classification, le rapport de la commission passe en revue les divers modes opératoires, et expose sur chacun d'eux des règles importantes, dont quelques-unes trouvent ici leur place.

Lorsqu'on fait usage d'un soluté d'une substance chimique, il ne faut pas se servir d'un sirop clarifié à l'albumine, et l'on doit faire le mélange à froid.

Sont considérés comme excellents, au point de vue de leur conservation ou de leur limpidité, les sirops obtenus avec les liquides produits par expression d'un végétal.

On ne généralisera pas l'emploi des sirops faits avec des solutions d'extraits. Ces sirops sont bons tout au plus pour des potions; il faut les rejeter lorsqu'on les destine à édulcorer ou à remplacer les tisanes.

L'infusion est un mode d'épuisement avantageux avec les substances aromatiques, pourvu qu'on laisse infuser pendant un laps de temps toujours rigoureusement le même, et qu'on emploie toujours la même quantité d'eau. Deux infusions successives sont nécessaires lorsqu'on opère sur des bois qui s'imbibent difficilement; le liquide de la deuxième infusion est converti en sirop. On cuit ce dernier au delà du degré ordinaire, et on le ramène à ce degré, en y ajoutant la liqueur de la première infusion.

On avait proposé de distiller les plantes aromatiques, de faire un sirop avec l'eau distillée et un sirop avec la décoction qui reste dans la cucurbite, et de mêler ces deux sirops. Le rapport de la commission repousse ce procédé, comme devant altérer les substances par une décoction prolongée.

La digestion est réservée aux principes résineux, et la décoction à quelques rares substances qui ne céderaient pas autrement leurs parties solubles, telles que les substances animales.

La commission repousse dans le plus grand nombre des cas le procédé de M. Boudet, d'après lequel on épuise le végétal par de l'alcool étendu, on chasse l'alcool par l'ébullition, et l'on convertit en sirop le liquide restant. Ce procédé présente le double inconvénient de donner des liqueurs troubles, et de fournir des sirops qui contiennent de l'alcool, ce qui peut en modifier les propriétés. Cette méthode peut cependant être appliquée avec succès à la préparation du sirop de quinquina : dans ce cas on prend de l'alcool à 32° de l'alcoomètre centésimal.

Lorsqu'on prépare un sirop avec des sucs de fruits acides, il y a à craindre l'inversion du sucre par suite de l'action de l'acide ou de celle d'un ferment. Il faut éviter autant que possible cette altération, car la glucose étant moins soluble que le sucre de canne, se dépose en cristaux et abaisse le degré du sirop. On prévient cette inversion en chauffant le moins possible, et en n'abandonnant pas le suc à la fermentation pendant plus de vingt-quatre heures. Il faut cependant chauffer un peu pour détruire le ferment. Dans le cas où l'on emploierait des sucs conservés par le procédé d'Appert, on se passerait, dans la préparation du sirop, de l'action de la chaleur ; les sucs ainsi conservés ont été soumis à une température de 100° et n'ont plus de ferment.

Dans la préparation des sirops composés, on mêle les substances qui ont le plus d'analogie ; on soumet séparément ces mélanges à l'action des dissolvants, après les avoir divisés de la façon la mieux appropriée. On réunit ensuite ces divers liquides, et l'on termine comme avec les sirops simples.

Les sirops contenant des substances extractives sont placés dans des flacons de faible capacité, on les laisse le moins longtemps possible en vidange, et on ne les expose pas à une température supérieure à 15°.

On empêche les sirops de moisir en versant dans le goulot du flacon un peu de sirop de sucre, il ne faut pas se servir de l'alcool ni du sulfite de soude, que l'on a indiqués pour remplir le même usage ; ce sont des corps étrangers qui altéreraient les qualités du médicament.

CHAPITRE VI.

SACCHARIMÉTRIE.

La saccharimétrie a pour objet : 1° de déterminer si un corps contient du sucre de canne ou un sucre de la famille des glucoses ; 2° de reconnaître si le sucre de canne est mélangé de glucose ; 3° de doser ces principes lorsqu'ils sont seuls et lorsqu'ils sont réunis.

On reconnaît facilement le sucre de canne ou la glucose, en soumettant à l'action de la levûre de bière la liqueur qui les contient. On constate qu'il se forme de l'alcool et de l'acide carbonique.

On reconnaît aussi directement la glucose au moyen des réactifs dont nous allons parler, et à l'aide desquels on met également en évidence le sucre de canne, après l'avoir interverti par l'acide sulfurique étendu et bouillant, ou par l'acide chlorhydrique.

Si l'on veut constater la présence de la glucose, seule ou mêlée à du sucre de canne, il faut avoir recours à l'un des procédés suivants.

En faisant bouillir la solution sucrée avec de la potasse ou de la soude, une coloration brune de cette solution annonce la présence de la glucose.

Il vaut mieux employer le tartrate double de potasse et de cuivre en solution alcaline. Ce réactif n'est pas attaqué à l'ébullition par le sucre de canne; tandis que, dans ces conditions, la glucose ou le sucre interverti en précipitent du sous-oxyde de cuivre de couleur rouge. Ce réactif est très-sensible.

On a également conseillé l'emploi du bichromate de potasse. Sous l'influence de ce composé, la solution de sucre de canne verdit pendant qu'on laisse refroidir le mélange fait à l'ébullition. La solution de la glucose ne prend, dans ce cas, aucune teinte verte. Il suffit même qu'un sucre de canne renferme un tiers de son poids de glucose pour qu'il cesse de manifester la teinte verte qui le caractérise. Au-dessous d'un tiers, la glucose n'empêche plus cette coloration d'apparaître, mais son intensité est plus faible qu'elle ne serait si le sucre était pur.

La partie la plus importante de la saccharimétrie est le dosage du sucre et de la glucose. Les procédés de dosage sont basés soit sur les propriétés chimiques, soit sur les propriétés physiques de ces corps.

Procédés chimiques.

A. *Fermentation.* — Ce moyen d'analyse n'est plus en usage, et n'est pas exact. Il consistait à faire fermenter un poids connu de sucre pur, et à mesurer l'acide carbonique formé, ou à apprécier la quantité d'alcool au moyen de l'alcoomètre centésimal. On faisait ensuite fermenter la matière à analyser, et l'on déduisait le poids du sucre du volume d'acide carbonique, ou du poids de l'alcool qu'elle fournissait.

Lorsque la matière renfermait à la fois de la glucose et du sucre, on appréciait d'abord le poids du mélange par une première fermentation, puis on détruisait la glucose par une ébullition de quelques minutes avec un alcali ; une deuxième fermentation donnait alors le poids du sucre de canne, et l'on déterminait celui de la glucose par différence.

Aujourd'hui on préfère le procédé de M. Barreswil. Ce procédé est basé sur la réduction des solutions alcalines des sels de cuivre par la glucose. On fait une solution avec 40 grammes de sulfate de cuivre pur cristallisé, 600 ou 700 grammes de lessive de soude caustique d'une densité de 1,12, et 160 grammes de tartrate neutre de potasse dissous dans un peu d'eau. On verse peu à peu la solution cuivrique dans la liqueur alcaline, et l'on étend le mélange d'un volume d'eau suffisant pour lui faire occuper 1154,4 centimètres cubes, à la température de 15°.

Pour doser cette liqueur, on intervertit un certain poids de sucre candi ; on place la solution, après en avoir mesuré le volume, dans une burette graduée, et on la verse ensuite goutte à goutte dans un petit ballon contenant 10 centimètres cubes de la liqueur cuivrique, additionnés de 40 centimètres cubes d'eau distillée et portés à l'ébullition. Il se forme un précipité jaune d'abord, puis rouge, qui gagne le fond du vase. On arrête l'opération quand la liqueur cuivrique est décolorée, et de la quantité de liquide sucré employé on déduit le poids de sucre qui correspond à 10 centimètres cubes de la liqueur d'épreuve. Ordinairement, quand la liqueur a été préparée avec les proportions que nous avons indiquées, 10 centimètres cubes correspondent à 0,050 de glucose sèche.

La liqueur d'épreuve une fois dosée, rien n'est plus facile que de déterminer la quantité de sucre qu'un liquide contient, pourvu qu'il ne contienne pas en même temps d'autres corps capables de réduire le tartrate cupro-potassique. Il suffit d'examiner, par une opération identique avec la précédente, combien il faut employer de ce liquide sucré pour décolorer un volume connu du réactif ci-dessus.

Si l'on avait un mélange de sucre de canne et d'un sucre réducteur à analyser, on doserait d'abord le sucre réducteur, puis on intervertirait le sucre de canne, et l'on ferait un nouveau dosage. En retranchant de la quantité totale de sucre obtenu dans cette seconde opération la quantité de sucre réducteur donné par la première, on aurait le sucre de canne par différence.

Nous devons, pour être complet, mentionner le procédé de M. Péligot et celui de M. Dubrunfaut.

M. Péligot conseille de saturer de chaux les liquides sucrés, de déterminer ensuite cette base par une solution titrée d'acide sulfurique, et de déduire la quantité de sucre de la quantité de chaux. Ce procédé ne donne pas de résultats exacts, parce que le sucrate de chaux dissous dans l'eau ne présente pas une composition constante.

Le procédé de M. Dubrunfaut est beaucoup plus exact. Ce chimiste conseille de faire bouillir la liqueur à analyser avec une dissolution titrée de soude caustique. On détermine ensuite la soude restée libre à l'aide d'une solution titrée d'acide sulfurique, ce qui permet de calculer le poids de l'alcali entré en combinaison avec les acides dérivés de la glucose. On déduit de là le poids de ce dernier sucre, le rapport entre le poids de la glucose et celui de la soude transformée en sel neutre ayant été déterminé par une expérience préalable.

On fait ensuite bouillir une seconde portion du liquide à analyser avec de l'acide sulfurique étendu, pour intervertir la saccharose, et sur la matière obtenue on dose de nouveau le sucre réducteur par le même procédé. Il est nécessaire ici de défalquer, du poids de la soude combinée, celle qui a servi à saturer l'acide sulfurique dont la solution était titrée. Le sucre de canne se trouve déterminé par différence.

Saccharimétrie optique.

Lorsqu'un rayon de lumière se réfléchit sous certaines influences, ou se réfracte en passant à travers un cristal biréfringent, il acquiert la propriété de s'éteindre lorsqu'on cherche à le faire se réfléchir ou se réfracter dans des conditions telles, que s'il n'était pas déjà modifié, il passerait et prendrait un plan perpendiculaire à celui qu'il a déjà. On dit alors que ce rayon est polarisé.

On a constaté que lorsqu'un rayon de lumière polarisée tombe sur un cristal biréfringent, dans des conditions convenables pour qu'il s'éteigne, il suffit d'interposer sur son passage une lame de certaines substances transparentes ou des tubes remplis avec des dissolutions particulières, pour le faire apparaître de nouveau.

Si l'on cherche alors à éteindre une seconde fois le rayon, on est obligé, pour produire cet effet, de changer la position du cristal analyseur (c'est ainsi que l'on nomme le cristal biréfringent qui éteint la lumière) et de le tourner d'un certain nombre de degrés soit à gauche, soit à droite. On dit, dans ce cas, que la substance interposée dévie vers la gauche ou vers la droite le plan de polarisation de la lumière, qu'elle est lévogyre ou dextrogyre.

M. Biot a constaté qu'il y a toujours un rapport direct entre 1° la déviation observée, 2° l'épaisseur de la substance, 3° sa densité, 4° son pouvoir rotatoire spécifique. Ce pouvoir spécifique n'est autre que la déviation du plan de polarisation que produirait la substance que l'on observe, si son épaisseur était égale à unité, et que sa densité fût aussi ramenée à l'unité par une modification convenable de la distance de ses molécules.

Il résulte de la définition ci-dessus que l'on aura le pouvoir rotatoire moléculaire d'une substance de densité connue d et d'épaisseur l, en divisant la déviation observée α, par la densité et par l'épaisseur, comme l'indique l'égalité :

$$(1) \qquad \rho = \frac{\alpha}{dl},$$

dans laquelle ρ est le pouvoir rotatoire spécifique recherché.

Dans une solution, d représente la densité de la substance active dissoute. Cette densité peut être facilement calculée, si l'on connaît le poids de la substance p et le volume de la dissolution v ; la substance active occupe, en effet, le même volume que la dissolution entière, et sa densité est donnée par l'équation :

$$(2) \qquad d = \frac{p}{v}.$$

Si nous remplaçons dans l'équation (1) d par sa valeur, il vient :

$$\rho = \frac{\alpha}{\frac{lp}{v}} = \frac{\alpha v}{lp}, \qquad (3)$$

équation qui permet de déterminer ρ, lorsque α, v, l, p sont connus. Réciproquement, on pourrait, si ρ était connu, et qu'une des valeurs α, v, l, p fût inconnue, déterminer cette valeur ; par exemple, le poids serait donné par l'égalité :

$$p = \frac{\alpha v}{\rho l}. \qquad (4)$$

Appliquons à présent ces données à l'analyse des sucres.

Nous savons que le sucre de canne dévie vers la droite le plan de polarisation de la lumière, et que son pouvoir rotatoire spécifique est égal à $+ 73{,}8$; si nous avons une dissolution de ce corps, et que cette dissolution observée au polarimètre, dans un tube dont la capacité et la longueur soient connues, donne une déviation $= \alpha'$, nous n'aurons qu'à remplacer dans la formule (4) les valeurs générales α, v, ρ, l par les valeurs trouvées dans l'expérience ; en effectuant les calculs, nous aurons le poids du sucre que la dissolution contient.

Supposons maintenant que le sucre de canne soit mélangé avec de la glucose qui, comme lui, tourne à droite ; il faudra, pour connaître les quantités respectives de ces deux sucres, déterminer la part qui appartient à chacun d'eux dans la rotation totale.

Pour y arriver, on intervertit le sucre de canne en chauffant la solution pendant quelques minutes à 68° avec 0,1 d'acide chlorhydrique ; après quoi, on examine de nouveau la déviation α'' que donne la liqueur. Seulement, comme l'état de dilution de cette dernière a été augmenté par l'addition de l'acide chlorhydrique, il faut remplacer la déviation observée α'' par $\frac{10}{9}\,\alpha''$.

On a alors toutes les données nécessaires au calcul.

La déviation α', avant l'inversion, était égale à la somme des déviations individuelles x du sucre de canne et y de la glucose. Après l'inversion, $\frac{10}{9}\alpha''$ représente la déviation y de la glucose, qui n'a pas varié, diminuée de la rotation vers la gauche, due au sucre interverti. Cette rotation est égale à $r\,x$, si l'on admet qu'un poids de sucre de canne déviant de x donne une quantité de sucre incristallisable déviant de rx (r ayant été déterminée par l'expérience).

On peut donc poser les deux équations :

Avant l'inversion, $x + y = \alpha'$,

Après l'inversion, $y - rx = \alpha'' \times \frac{10}{9}$,

qui suffisent à la détermination des deux inconnues.

Si, au lieu d'être mêlé à la glucose, le sucre de canne était mêlé à du sucre interverti qui tourne à gauche, les équations ci-dessus prendraient la forme suivante :

Avant l'inversion, $x - y' = \alpha'$;

Après l'inversion, $y' + rx = \alpha'' \times \frac{10}{9}$.

y' représente la déviation qui provient du sucre interverti. Comme le pouvoir rotatoire de ce dernier sucre varie beaucoup avec la température, M. Clerget a construit des tables de correction qui permettent d'opérer à quelque température que ce soit.

Actuellement on remplace souvent l'appareil de M. Biot par celui de M. Soleil. Ce saccharimètre, que je ne décrirai pas, porte avant le prisme analyseur un double quartz formé de deux lames de quartz, l'une lévogyre et l'autre dextrogyre. Ces lames sont toutes deux taillées en biseau, et en montant ou en descendant l'une d'elles, on diminue ou l'on augmente l'épaisseur qu'elle offre aux rayons lumineux. Quand elles sont au même niveau, ces deux lames se compensent exactement; si alors on place convenablement le prisme analyseur, on amène une teinte qui sert de point de comparaison et qui a reçu le nom de *teinte sensible.*

Quand on veut faire usage de l'appareil, on le prend exactement compensé et à la teinte sensible, et l'on place sur le trajet du rayon lumineux le tube qui contient la substance. La teinte sensible est alors détruite, et, pour la ramener, il faut diminuer l'épaisseur de la lame de quartz de même rotation que la matière examinée. Une échelle munie d'un vernier indique en centièmes de millimètre la diminution d'épaisseur ; d'où l'on déduit la proportion de sucre qui se trouve dans la dissolution. La quantité de sucre qui, dans un tube de longueur et de capacité déterminées, correspond à une certaine épaisseur de quartz, est préalablement connue par l'expérience.

Lorsque le procédé saccharimétrique que nous venons de décrire peut être appliqué, il est le plus exact de tous. Malheureusement, la présence de substances étrangères actives ou la coloration des liqueurs à essayer en rendent souvent l'emploi incertain ou impossible. Cependant on peut se préserver, dans la plupart des cas, de l'action fâcheuse de la coloration, en précipitant par l'acétate de plomb, qui entraîne les principes colorants, et en filtrant le liquide après cette précipitation.

RÉSUMÉ GÉNÉRAL.

Les corps appelés *sucres* ne forment point une famille naturelle. On les trouve disséminés dans la série indéfinie des composés organiques.

Leur classification est artificielle.

Les sucres se divisent en quatre groupes, dont les trois derniers ont des caractères qui leur sont propres. Ils renferment les principes analogues à la glucose, les sucres analogues à l'inosite et les corps isomères du sucre de canne. Le premier groupe, tout arbitraire, se subdivise en trois genres : le premier de ces genres contient la mannite et la dulcite ($C^6H^{14}O^6$), le second la pinite et la quercite ($C^6H^{10}O^5$), et le dernier l'érythrite ($C^4H^{10}O^4$).

La mannite et la dulcite sont des alcools hexa-atomiques simples; ils fournissent chacun un anhydride. Cet anhydride se combine directement aux acides et donne un éther monoacide de l'alcool qui lui correspond. Il joue aussi le rôle d'alcool tetra-atomique, et peut probablement s'unir aux éthers de son alcool pour former des produits de condensation.

Les mannitanides et les dulcitanides donnent, dans leur saponification, la mannitane et la dulcitane, et non la mannite et la dulcite. On a expliqué ce fait par le peu de stabilité des groupes mannite et dulcite.

L'inosite est un alcool hexa-atomique isologue de la mannite.

De même pour les glucoses. Cependant, il est plus rationnel de considérer ces corps comme des aldéhydes du premier degré dérivés de la mannite ou de corps isomères, et fonctionnant en même temps comme des alcools penta-atomiques.

La pinite et la quercite peuvent être tout aussi bien des alcools penta-atomiques isologues d'un alcool inconnu ($C^6H^{14}O^5$), que des aldéhydes-alcools dérivés du même corps.

L'érythrite est un alcool tétra-atomique.

Le sucre de canne et ses isomères sont des alcools diglucosiques, formés aux dépens de deux molécules d'une seule glucose (tréhalose, mélézitose) ou de deux glucoses différentes (mélitose, saccharose).

L'amidon est probablement l'anhydride de l'alcool triglucosique, ou cet alcool, comme on le déduit de son dédoublement en glucose et dextrine qui se saccharifie elle-même.

Nous ne savons rien de certain sur la cellulose.

Les hypothèses de M. Berthelot sur l'amidon et la cellulose, les idées qui ont été émises dans ces dernières années sur les principes azotés contenus dans les corps vivants, font entrevoir la classe des sucres comme un foyer de production de toutes les substances organisées.

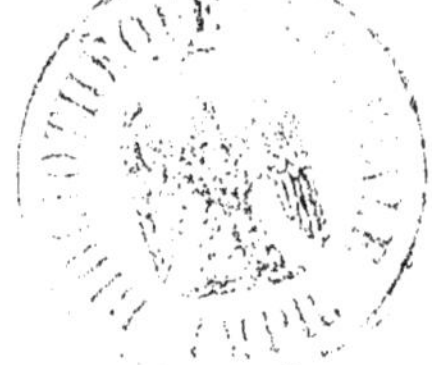

FIN.

Paris. — Imprimerie de E. Martinet, rue Mignon, 2.

TABLE DES MATIÈRES.

Généralités sur les sucres.................................... 1
Action de la chaleur sur les sucres.................................... 6
Action des acides sur les sucres.................................... 6
Action des alcalis sur les sucres.................................... 6
Action des oxydants sur les sucres.................................... 6
Action des ferments sur les sucres.................................... 7
Classification des sucres.................................... 7

CHAPITRE PREMIER. — ÉTUDE INDIVIDUELLE DES SUCRES DE LA PREMIÈRE CLASSE.................................... 10

GROUPE A. — *Sucres à formule* $C^6H^{14}O^6$.................................... 10
Mannite.................................... 10
Mannitane.................................... 14
Mannide.................................... 15
Dulcite.................................... 16
Dulcitane.................................... 17

GROUPE B. — *Sucres à formule* $C^6H^{12}O^5$.................................... 18
Pinite.................................... 18
Quercite.................................... 19

GROUPE C. — *Sucre à formule* $C^4H^{10}O^4$.................................... 21
Érythrite.................................... 21

CHAPITRE II. — SUCRES QUI RÉPONDENT A LA FORMULE $C^6H^{12}O^6$.... 24
Glucose.................................... 24
Lévulose.................................... 27
Maltose.................................... 29
Galactose.................................... 29
Mannitose.................................... 30

GROUPE D. — *Sucres à formule* $C^6H^{12}O^6$ non fermentescibles...... 30
Eucalyne.................................... 30
Sorbine.................................... 31
Inosite.................................... 32

CHAPITRE III. — SUCRES DU QUATRIÈME GROUPE, RÉPONDANT A LA FORMULE $C^{12}H^{22}O^{11}$.................................... 35
Sucre de canne ou saccharose.................................... 35

Sucre interverti.......... 39
Mélitose.......... 40
Tréhalose.......... 41
Mycose.......... 43
Mélézitose.......... 44
Lactose.......... 45
Parasaccharose.......... 47

CHAPITRE IV. — Fonctions des sucres.......... 49

Fonction de la mannite et de la dulcite.......... 49
Fonction de la glucose et de ses congénères.......... 54
Fonction de la pinite et de la quercite.......... 55
Fonction de l'érythrite.......... 56
Fonction des sucres de la quatrième classe.......... 56
Saccharides.......... 57
Nature de l'amidon.......... 58
Nature de la cellulose.......... 60

CHAPITRE V. — Usages pharmaceutiques des sucres.......... 26

Saccharolés.......... 62
Sirops en général.......... 63
Sirop de sucre.......... 64
Sirops médicinaux.......... 66
Mellites.......... 67
Classification des sirops.......... 68

CHAPITRE VI. — Saccharimétrie.......... 71

Essais qualitatifs.......... 71
Dosage : procédés chimiques.......... 72
Fermentation.......... 72
Procédé de M. Barreswil.......... 72
Procédé de M. Peligot.......... 73
Procédé de M. Dubrunfaut.......... 74
Saccharimétrie optique.......... 74

FIN DE LA TABLE.

Paris. — Imprimerie de E. MARTINET, rue Mignon, 2.

www.ingramcontent.com/pod-product-compliance
Lightning Source LLC
LaVergne TN
LVHW020034170826
845678LV00001B/248

* 9 7 8 2 3 2 9 6 9 8 8 4 7 *